国家中等职业教育改革发展
示范校核心课程系列教材

北方地区养猪生产操作流程

Beifangdiqu Yangzhu Shengchan Caozuo Liucheng

何国新 主编

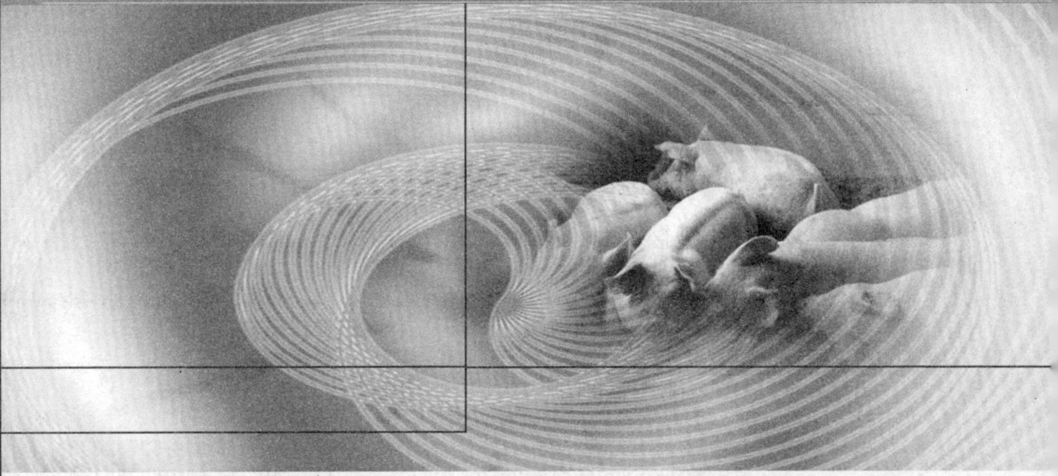

中国农业大学出版社
CHINA AGRICULTURAL UNIVERSITY PRESS

内容简介

本书是中等职业学校畜牧兽医专业校本教材。从“以就业为导向、以能力为本位”实际出发，结合现代职教育人模式，彰显“做中教、做中学、学中做”的职业教育特色。教材以养猪生产流程为主线，介绍了各阶段的操作方法和步骤、完成岗位任务的技能以及实现技能的考核标准。内容丰富、结构合理、图文并茂、通俗易懂，具有较强的适用性、实用性。适合作为畜牧兽医专业、养殖专业、畜牧专业等相关专业第三和第四学期学生的教学用书，也适合新型职业农民培训和自学使用。

图书在版编目(CIP)数据

北方地区养猪生产操作流程/何国新主编.—北京：中国农业大学出版社，2016.3

ISBN 978-7-5655-1502-6

Ⅰ.①北…　Ⅱ.①何…　Ⅲ.①猪-饲养管理-技术操作规程　Ⅳ.①S828-65

中国版本图书馆 CIP 数据核字(2016)第 021779 号

书　　名　北方地区养猪生产操作流程
作　　者　何国新　主编

策划编辑　赵　中　　　**责任编辑**　刘耀华
封面设计　郑　川　　　**责任校对**　王晓凤
出版发行　中国农业大学出版社
社　　址　北京市海淀区圆明园西路 2 号　　　**邮政编码**　100193
电　　话　发行部 010-62818525,8625　　　读者服务部 010-62732336
编辑部 010-62732617,2618　　　出　版　部 010-62733440
网　　址　http://www.cau.edu.cn/caup　　　**E-mail** cbsszs@cau.edu.cn
经　　销　新华书店
印　　刷　涿州市星河印刷有限公司
版　　次　2016 年 3 月第 1 版　　2016 年 3 月第 1 次印刷
规　　格　787×980　　16 开本　　7.5 印张　　136 千字
定　　价　16.00 元

国家中等职业教育改革发展示范校核心课程系列教材
建设委员会成员名单

编写人员

主　编：何国新

副主编：罗　冀　刘攀峰　林立坤

编　者：何国新（抚顺市农业特产学校）

罗　冀（抚顺市农业特产学校）

刘攀峰（抚顺市农业特产学校）

林立坤（抚顺市农业特产学校）

张桐源（抚顺市动物疫病防控中心）

王习斌（抚顺市农业特产学校）

序言

职业教育是“以服务发展为宗旨，以促进就业为导向”的教育，中等职业学校开设的课程是为课程学习者构建通向就业的桥梁。无论是课程设置、专业教学计划制定、教材选择和开发，还是教学方案的设计，都要围绕课程学习者将来就业所必需的职业能力形成这一核心目标，从宏观到微观逐级强化。教材是教学活动的基础，是知识和技能的有效载体，它决定了中等职业学校的办学目标和课程特点。因此，教材选择和开发关系着中等职业学校的学生知识、技能和综合素质的形成质量，同时对中等职业学校端正办学方向、提高师资水平、确保教学质量也显得尤为重要。

2015年国务院颁布的《关于加快发展现代职业教育的决定》提出：“建立专业教学标准和职业标准联动开发机制，推进专业设置、专业课程内容与职业标准相衔接，形成对接紧密、特色鲜明、动态调整的职业教育课程体系”等要求。这对于探索职业教育的规律和特点，推进课程改革和教材建设以及提高教育教学质量，具有重要的指导作用和深远的历史意义。

目前，职业教育课程改革和教材建设从整体上看进展缓慢，特别是在“以促进就业为导向”的办学思想指导下，开发、编写符合学生认知和技能形成规律，体现以应用为主线，符合工作过程系统化逻辑，具有鲜明职教特色的教材等方面还有很大差距。主要是中等职业学校现有部分课程及教材不适应社会对专业技能的需要和学校发展的需求，迫切需要学校自主开发适合学校特点的校本课程，编写具有实用价值的校本教材。

校本教材是学校实施教学改革对教学内容进行研究后开发的教与学的素材，是为了弥补国家规划教材满足不了教学的实际需要而补充的教材。抚顺市农业特产学校经过十多年的改革探索和两年的示范校建设，在课程改革和教材建设上取得了一些成就，特别是示范校建设中的18本校本教材现均已结稿付梓，即将与同行和同学们见面。

本系列教材力求以职业能力培养为主线，以工作过程为导向，以典型工作任务和生产项目为载体，对接行业企业一线的岗位要求与职业标准，用新知识、新技术、新工艺、新方法，来增强教材的实效性。同时还考虑到学生的起点水平，从学生就业够用、创业适用的角度，使知识点及其难度既与学生当前的文化基础相适应，也更利于学生的能力培养、职业素养形成和职业生涯发展。

本套校本教材的正式出版，是学校不断深化人才培养模式和课程体系改革的结果，更是国家示范校建设的一项重要成果。本套校本教材是我们多年来按农时季节、工作程流、工作程序开展教学活动的一次理性升华，也是借鉴国内外职教经验的一次探索，这里面凝聚了各位编审人员的大量心血与智慧。希望该系列校本教材的出版能够补充国家规划教材，有利于学校课程体系建设和提高教学质量，能为全国农业中职学校的教材建设起到积极的引领和示范作用。当然，本系列校本教材涉及的专业较多，编者对现代职教理念的理解不一，难免存在各种各样的问题，希望得到专家的斧正和同行的指点，以便我们改进。

该系列校本教材的正式出版得到了蒋锦标、刘瑞军、苏允平等职教专家的悉心指导，同时，也得到了中国农业大学出版社以及相关行业企业专家和有关兄弟院校的大力支持，在此一并表示感谢！

教材编写委员会

2015 年 8 月

前言

随着社会经济快速发展，人民生活水平不断提高，对养猪的数量和质量都提出了更高的要求，传统的家庭式养猪已经远远落后，规模化、集约化、自动化养猪逐渐成为主流。养猪业发展壮大对技术人员需求不断增多，这给职业学校畜牧兽医专业的发展带来了更加广阔的发展空间。与此同时，现代养猪业对技术人员的能力提出了更高的要求，这给毕业生就业设置了屏障。职业学校要想长足稳定发展，必须使学生能力过硬，只有这样才能得到用人单位的高度认可。这就要求职业学校培养方向正确，培养目标准确，课程设置必须与企业对接，教材内容与岗位技能对接。学生知道自己在学什么、知道怎么学、知道达到什么效果，最终毕业就能上岗，上岗就能发挥作用。我们在对多个养猪企业进行调研分析的基础上，了解了猪场的工作岗位，熟悉了各岗位的工作任务，明确了完成工作任务所需的专业技能，将岗位工作任务转化为学习领域的专业课程，据此编写了这部校本教材。

编写目标：本教材注重学生综合能力的培育，在热爱专业的基础上，自主学习、合作学习、探究学习。在养猪生产教学中，掌握较扎实的养猪基础知识和基本操作技能。该书就是使学生学习后能够胜任养猪生产、管理和服务岗位需要，成为懂技术、会管理、能创业、具有创新精神和较强实践能力的高素质技能型人才。

教材内容：教材由 10 个项目、26 个技能任务、3 个核心能力、3 个考核标准构成。将养猪各阶段生产流程全部囊括其中。包括利用猪的生物学特性指导生产、猪种识别、猪场环境控制、种猪饲养管理、仔猪培育、育成猪饲养管理、育肥猪饲养管理、猪场疫病防控、养猪技术岗位应具备的专业核心能力及考核标准等内容。

创新点：本书作为重要的专业课教材，完全按照生产流程进行编写，符合生产实际。按照先进的教学理念将生产流程内容分为 26 个技能任务，让学生带着任务学习，最后完成任务。从生产角度上看，引入的最新实用技术(如去势不用刀)，彰显了本教材的先进性；选取的实用的民间习惯做法(如火炕育仔)，能够解决特殊情况下热源不足的实际难题；编入的经验做法(如初生仔猪隔板固定乳头哺乳法)，填补了我国养猪资料用隔板固定乳头的空白。从教学角度来看，“项目解析”“项目载体”“项目分解”“任务提要”“任务目标”“方法与步骤”等模块最适合现代职业教育特点；教材让学生知道“学什么、怎么学、应该达到什么目标”；后续的“复习思考题”

能够对学生学习效果进行检验。“养猪技术岗位应具备的专业核心能力”“养猪技术岗位专业能力考核标准”在目前中职教材中开创了先河，彰显了“以就业为导向、以能力为本位”的指导思想，对提高学生实践能力起到积极作用。该书除适合做学生教材外，也适合新型职业农民及其他读者自学使用，一看就懂、一学就会、一做就成功。

教学建议：围绕教材中设定的任务目标进行教学。让学生在掌握一定专业知识的基础上掌握较扎实的基本操作技能，能够胜任养猪生产、管理和服务岗位需要。教学中要时刻抓住生产流程这条主线，让学生带着任务去学习，既能掌握一定的专业知识，又能提高实践技能，毕业后能很快进入角色并发挥作用。

联系实际进行教学，让学生始终有身临其境的感觉。不能离开“生产流程”这条主线，插入案例教学更佳。教学中结合猪场观察和多媒体课件，让学生根据猪的品种特征和集约化养猪的生产环境设备来掌握生产流程的内容。不同猪种有着不同的生产力，对饲料和环境条件的要求也不一样；不同的环境可以产生不同的生产效果，并对猪的健康有极大影响。让学生始终认为猪舍就是一个生产车间，自己是生产线上某一工作岗位的负责人，明确自己要做什么，在学习中寻找“操作方法”，在操作中丰富理论，最终完成“工作任务”。

编写分工：本书由何国新担任主编。编写分工为：前言、项目一、项目二、项目五、项目六、项目九、项目十由何国新编写，项目三由林立坤编写，项目四由刘攀峰编写，项目七由张桐源编写，项目八由罗冀编写，文字由王刁斌校对。

本教材在编写过程中，得到了养猪专家于连生老先生的热情指导，部分图片来源于学生和朋友，在此深表谢意。

由于水平有限，编写时间仓促，书中错误和不足之处在所难免，恳请广大读者批评指正。

编　者

2015 年 6 月

目录

项目一　利用猪的生物学特性和行为学特性指导生产

【项目介绍】

本部分内容主要介绍如何根据猪的生物学特性和行为学特性指导生产。猪只爱争斗、喜清洁，具有杂食性、拱地性、模仿性，具有特殊的感觉特性，对温度具有两重性，对饲料具有选择性，具有性欲强、母性强等特点，实践中，根据这些特点组织生产，就可以达到理想的生产效果。

【项目载体】

教材、参考书、PPT、视频、模拟仿真软件、实训场。

【项目分解】

工作任务	完成任务的技能
根据猪的生物学特性指导生产	能训练猪“三点定位”，重新组群时加强看护，提供舒适环境，提供适口性强的优质饲料
根据猪的行为学特性指导生产	能防止猪对建筑物造成破坏，能对猪进行简单诱导，能判断母猪的发情和预产，能进行猪定点排便训练

任务一　根据猪的生物学特性指导生产

【任务提要】

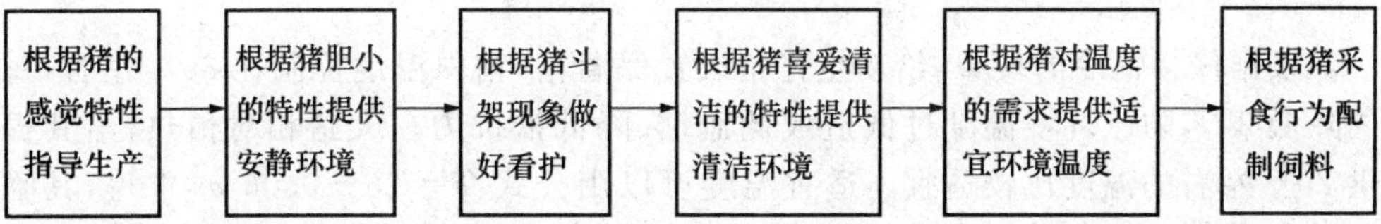

【任务目标】

根据猪的生物学特性及行为学方面的表现，采取相应的生产管理措施，满足猪的生理和生产需要，使猪健康生长，达到最大的经济效益。

【方法与步骤】

一、根据猪的感觉特性指导生产

猪的嗅觉灵敏，根据猪灵敏辨认气味的特性诱导其采食、睡觉、排便三点定位。在仔猪过哺或并窝时应用酒精或白酒扰乱母猪嗅觉，防止母猪发现异味而咬死外来仔猪。圈舍间的隔栏也应该坚固、间隙大小适宜，防止猪钻到其他圈舍被咬死、咬伤。针对猪听力发达的特点，训练猪对某种声音形成条件反射，方便饲养管理。利用猪视力差的特点，制作假墙，方便转群。

二、根据猪胆小的特性提供安静环境

由于猪胆小，常常合群相依。在生产中应该提供安静的环境，切忌将猪场建在铁路、公路、轧钢厂、采石场附近，更不能在猪舍附近燃放鞭炮。对应激反应多的引入猪种，更应该防止噪声的刺激。

三、根据猪斗架现象做好看护

生产中常有重新组群现象。陌生猪遇到一起必定要为争夺生物学地位而撕咬，必须严加看护。一般至少看护 3 d，除了猪休息时间外，都应该进行监视，避免发生伤亡。配种时，严禁陌生公猪相遇。

四、根据猪喜爱清洁的特性提供清洁环境

猪喜欢清洁，在肮脏的环境里饲养的猪生长速度和健康都受到一定的影响。应该勤打扫圈舍，防止粪尿蓄积，保持饲养环境干燥清新。当环境温度不是很高却发现个别猪趴在阴凉潮湿处时，要注意该猪是否处于发烧病态，提示技术人员应该及时治疗或隔离观察。此外，凡是被毛粗乱、肮脏不洁、眼红眵多、弓背卷腹的猪都是病猪。

五、根据猪对温度的需求提供适宜环境温度

根据仔猪怕冷的现象，给新生仔猪设置保温箱，箱内温度控制在 35℃左右，每周降低 2℃，防止环境温度过低造成低血糖、降低抵抗力。大猪相对怕热，给其提供 20℃左右的温度比较适宜。适宜温度可以用公式 $T=26-0.06\ m$ 求得，其临

界温度可以用公式 $T=19.5-0.065\,m$ 求得（其中 m 为体重，单位 kg；T 为环境温度，单位℃）。在夏季高温时，可以在舍内安装电扇，以达到凉爽的目的。

六、根据猪采食行为配制饲料

猪属于杂食性动物，食性广，饲料利用率高，对草粉也有一定的消化能力。所以，可以用多种叶类植物作为饲料，也可以在日粮中加入一定比例的草粉，以降低饲料成本。但是要控制饲料总的粗纤维含量在7%以内（如果是我国地方猪种，日粮粗纤维含量可以控制在10%以内）。根据猪对饲料的形状和口味具有选择性的特点，将饲料制作成颗粒料，在配制饲料时，加入甜味剂或香味剂。如果是粉料，饲喂前可以加水拌成湿料，以增加采食量，提高日增重。

任务二　根据猪的行为学特性指导生产

【任务提要】

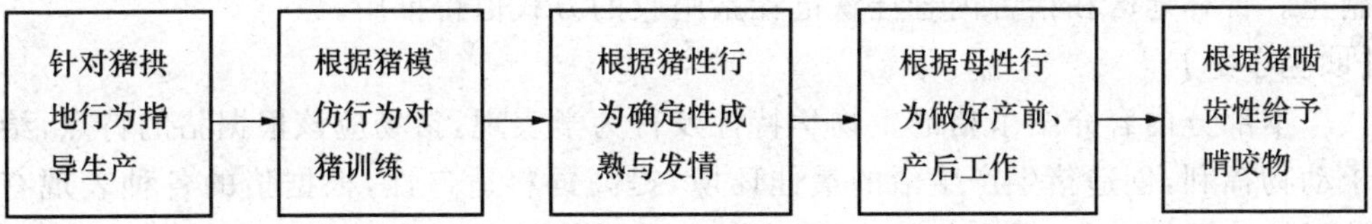

【方法与步骤】

一、针对猪拱地行为指导生产

在当今集约化饲养环境下，猪的拱地性已经失去了获取食物和地下矿物质的实际意义，只能带来负面效应。拱地性往往造成建筑物破坏，应该防止猪损坏圈舍设施，在圈舍建设过程中要保证圈舍的地面和设施的坚固性和耐用性。同时，要去除暗处尖锐物，防止拱地时对猪造成伤害。

二、根据猪模仿行为对猪训练

（1）诱引仔猪开食　在仔猪达到开食日龄时，可利用仔猪的模仿性来诱导仔猪开食。利用以母带仔的办法诱导仔猪跟随母猪学食，达到开食目的。

（2）诱引后备公猪爬跨　生产中可以将后备公猪赶到采精现场，观看种公猪采精，通过观看和声息交流，以后再训练这些小公猪爬跨“假台猪”进行采精时就相对容易了。

(3)引导仔猪饮水　当仔猪分群到新圈舍时，为了引导仔猪饮水，可以将饮水器触头按下，使之出水，仔猪靠灵敏的感觉就可以咬住饮水器饮到水。

三、根据猪性行为确定性成熟与发情

后备母猪出现食欲下降、神态慌张、外阴红肿、流出黏液、主动求偶、爬跨或接受爬跨等现象时，表明母猪达到了性成熟时期，生产上应在第3个发情期配种。经产母猪如果处于发情状态，应该按计划做好配种工作。

四、根据母性行为做好产前、产后工作

母猪出现叼草做窝时，预示临近预产期。母猪在预产期如果出现神情不安，频频排尿、摇尾、拱地，时起时卧，不断改变姿势，甚至努责，这些都提示相关人员要抓紧时间赶快进入接产状态。

五、根据猪啮齿性给予啃咬物

猪有啃咬行为，啃咬食槽、栏杆、床板等，往往造成建筑设施破坏，必须有效地制止。吉林地区在猪舍内悬挂铁链让猪啃咬的方式值得推广。

【项目小结】

本部分内容介绍了猪的生物学特性及行为学表现，猪场应该根据猪的特点，给予动物福利，创造猪生产生活的最佳环境，提高饲料适口性，根据猪的各种表现有针对性地开展工作，提高猪的生产性能，获得最佳的经济效益。

【复习思考题】

1. 怎样根据猪的感觉特性指导生产？
2. 怎样根据猪模仿行为对猪训练？
3. 怎样根据猪母性行为确定母猪临产？
4. 怎样根据猪采食行为配制饲料？
5. 根据猪哪些表现可以知道其已经达到了性成熟？
6. 怎样减少噪声刺激？

项目二　猪 种 识 别

【项目介绍】

本部分内容主要介绍如何识别猪种。根据目前养猪户所养的猪种主要是外来猪种的实际情况，重点介绍长白猪、大白猪、杜洛克猪、皮特兰猪等猪种。教材从猪种的体型外貌角度进行叙述。使学生能够根据猪的品种特征准确识别猪种。

【项目载体】

教材、参考书、PPT、视频、模拟仿真软件、实训场。

【项目分解】

工作任务	完成任务的技能
识别主要地方猪种	能准确识别地方猪种的外貌特征
识别主要引入猪种	能准确识别引入猪种的外貌特征

任务一　识别主要地方猪种

通过学习，能够准确识别几个主要的地方猪种。

【任务提要】

识别民猪 → 识别太湖猪 → 识别内江猪 → 识别金华猪 → 识别香猪

【方法与步骤】

一、识别民猪

民猪主要产于我国的东北和华北地区。被毛为黑色，头较窄，嘴直而且长，两耳较大且下垂，体躯狭窄，背腰平直，臀部倾斜，腹部下垂，四肢粗壮。乳头 7～8 对。分大、中、小三型，大型成年公猪体重在 180～200 kg，大型成年母猪体重在 140～160 kg。鬃毛较多，冬季有绒毛丛生。民猪具有适应性强、耐粗饲、抗病力强、产仔多、肉质好等优点，但生长速度和瘦肉率等不够理想。辽宁省畜牧科学研究院家畜家禽遗传资源保存利用中心尚有部分小型民猪在保种(图 2-1)。

识别要点：被毛为黑色，头较窄，嘴直且长，两耳较大且下垂，体躯狭窄，乳头 7～8 对，冬季密生绒毛。

图 2-1 东北民猪(小型)

二、识别太湖猪

太湖猪主要产于长江中下游的太湖地区。被毛全黑或青灰色，偶有“六白”或“不全六白”特征。头大额宽，额部有深褶，耳大下垂。背腰微凹，腹大下垂，臀腿欠丰满，乳头 8～9 对或更多。有 7 个品系，体重大小差异较大。成年公猪体重为 140～200 kg，成年母猪体重为 120～180 kg。该猪具有繁殖力高、肉质好、耐粗饲的优点，是世界上繁殖力最高的猪种。但该猪生长慢、瘦肉率低(瘦肉率 40%左右)。

识别要点：被毛全黑或青灰色，个别有“六白”或“不全六白”特征，头宽大，有深褶，耳特大，下垂，腹大。乳头 8～9 对或更多。

三、识别内江猪

内江猪主要产于四川省内江地区。被毛为黑色，头大嘴短，两耳中等大小，下垂，额部有较深的皱褶，额部皮肤隆起成块，背宽微凹，腹大但不拖地，乳头 7 对左右，四肢粗壮，较短。内江猪具有耐粗饲、抗逆性强、性情迟钝（相对来说应激反应低一些）、杂交繁殖效果好等特点。成年公猪体重一般为 160～190 kg，成年母猪体重为 130～170 kg。

识别要点：被毛全黑，额部皮肤有隆起，脸部特短，耳中等大，下垂，乳头 7 对左右。

四、识别金华猪

金华猪产于浙江金华地区。被毛为体躯白色、头颈部和臀尾部呈黑色的“两头乌”特征，在黑白交界处有黑皮白毛的“晕带”。该猪体型中等偏小，皮薄毛稀，耳中等大，下垂，额部有皱褶。颈部短粗，背腰微凹，腹大略下垂，乳头 8 对以上。臀部倾斜，四肢较细，蹄呈玉色。

识别要点：被毛“两头乌”，耳中等大，下垂，乳头 8 对以上，蹄玉色。

五、识别香猪

香猪原产于贵州和广西，该猪体躯矮小，被毛全黑，部分猪有“六白”或“不全六白”特征，或有“两头乌”的毛色特征。头较直，耳薄小，向两侧平伸或稍下垂。背腰宽，微凹，腹大丰圆触及地面。四肢短细，后肢多卧系。乳头 5～6 对。香猪是我国微型猪，胴体品质好。生长发育慢，成年猪体重为 40～42 kg。可做宠物饲养。

识别要点：体躯矮小，被毛全黑，部分猪有“六白”特征，少有“两头乌”毛色。头较直，耳薄小，向两侧平伸或稍下垂。背腰宽，微凹，腹大丰圆触及地面。后肢多卧系。乳头 5～6 对。

任务二　识别主要引入猪种

通过学习，能够准确识别几个重要的引入猪种。

【任务提要】

识别长白猪 → 识别大约克夏猪（大白猪） → 识别杜洛克猪 → 识别皮特兰猪 → 识别汉普夏猪

【方法与步骤】

一、识别长白猪(兰德瑞斯猪)

长白猪原名兰德瑞斯猪,原产于丹麦,是世界著名的瘦肉型猪,现有 6 个系(来源于 6 个国家:瑞典、英国、荷兰、法国、日本、丹麦),几乎世界各国都有饲养。主要品种特点是:全身被毛呈白色,头狭长,颜面直长,额窄,无纹,耳大前倾或稍下垂。背腰长、直、平、宽,肋骨比其他猪多 1～2 对。腹线平直,体躯前窄后宽呈流线型,全身肌肉丰满,臀部丰满。乳头 6～7 对。成年公猪平均体重 242 kg,体长 173 cm;成年母猪平均体重 218 kg,体长 162 cm。据抚顺市连生牧业公司饲养经验,在优良的饲养条件下,长白猪生长速度最快。

识别要点:被毛全白,头小脸直长,两耳前倾,体躯流线型,乳头 6～7 对。外观给人以清秀之感(流线型),见图 2-2。

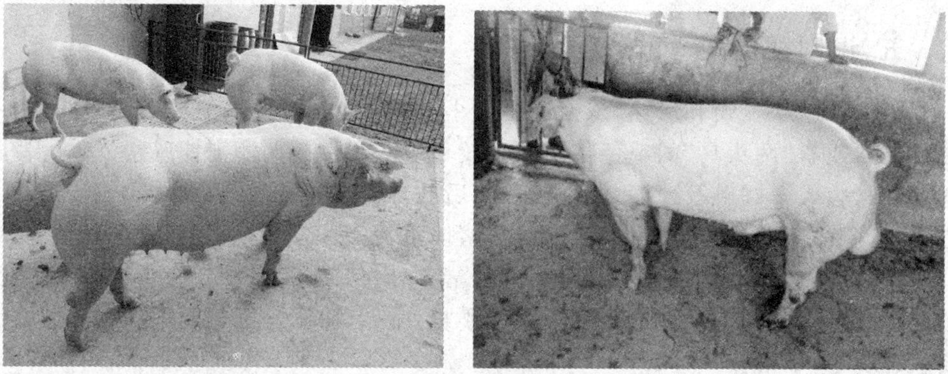

图 2-2　长白猪（图片来源于抚顺连生牧业有限公司）

二、识别大约克夏猪(大白猪)

约克夏猪原产于英国,分布于多个国家和地区。有大、中、小三型,现在北方地区已经看不到中、小型。大型约克夏猪又称为大白猪(图 2-3),在抚顺地区老百姓称之为约克猪。

外形特点是:全身被毛为白色,头比长白猪稍宽,颜面微凹,两耳中等大小,直立,体躯长、平、宽,略呈流线型。四肢较高,全身肌肉丰满,后躯丰圆。乳头 7 对左右。成年公猪平均体重 350～380 kg,体长 169 cm;成年母猪平均体重 224 kg,体长 168 cm。

识别要点:被毛全白,两耳直立,背线平直,臀腿丰满,乳头 7 对。

图 2-3 大白猪(图片来源于抚顺连生牧业有限公司)

三、识别杜洛克猪

杜洛克猪(图 2-4)原产于美国,分布于多个国家。杜洛克猪全身被毛呈深浅不一的棕红色,从枯草黄色到暗红色不等。头部较小,颜面微凹,耳中等大,半下垂,腰宽背弓,腹线平直,全身肌肉丰满,特别是臀部肌肉块凸出。体质强健,性情温顺,全身肌肉丰满,四肢骨骼粗壮,乳头 6 对左右。成年公猪体重为 355 kg 左

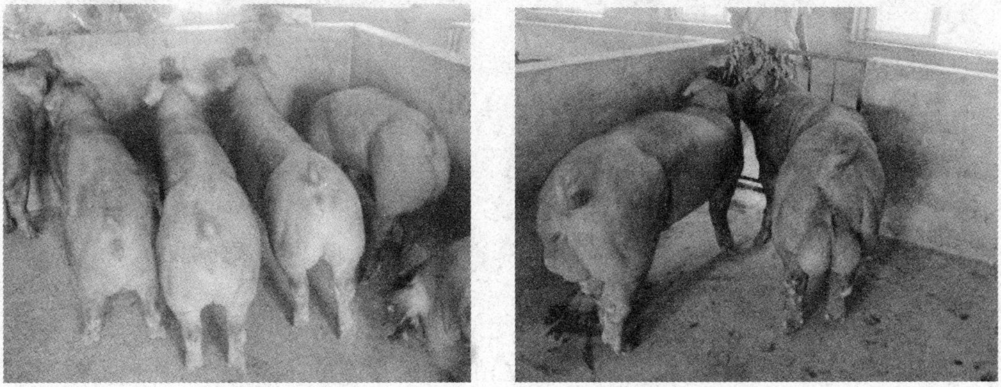

图 2-4 杜洛克猪(图片来源于抚顺连生牧业有限公司)

右，成年母猪体重在 300 kg 左右。在我国北方地区适应性较强，抗病力也较强。据抚顺市宏业牧业有限公司反馈结果，杜洛克仔猪发病率和死亡率都低，病死仔猪中，红毛猪特别少。抚顺市连生牧业公司结论是，在饲养条件较差时，杜洛克猪生长速度最快，大约克夏猪居中，长白猪最慢。

识别要点：被毛呈深浅不一的棕红色，两耳半下垂(其他猪都没有这些特点)。乳头 6 对左右，臀腿丰满。

四、识别皮特兰猪

皮特兰猪(图 2-5)原产于比利时，其毛色特征为黑白花或蓝白花色，深色花片周围有晕圈。体宽而短，耳中等大小向前上方伸出。四肢短细，全身肌肉特别发达，方臀。该猪瘦肉率极高，据抚顺市连生牧业公司屠宰测定，皮特兰猪瘦肉率高达 80%。

识别要点：被毛呈深浅不一的蓝白花色，两耳向前上方伸出，臀腿丰满，方臀。

五、识别汉普夏猪

汉普夏猪(图 2-6)原产于美国。被毛具有肩部和前肢为白色、其余部分均为黑色的独特毛色特征，故称为“白带猪”或“银带猪”。该猪嘴筒长直，耳中等大、直立。体躯较长，背腰宽平或微弓，肌肉发达。臀腿丰满，四肢稍短。乳头 6 对以上，排列整齐。该猪的突出优点是眼肌面积大。

图 2-5 皮特兰猪(图片来源于抚顺连生牧业有限公司)

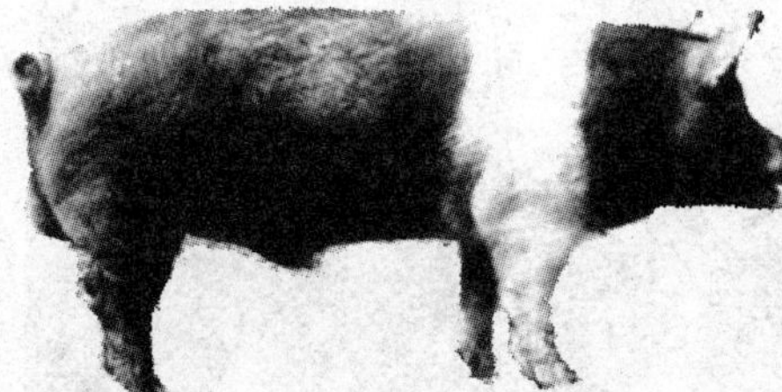

图 2-6 汉普夏猪

识别要点：“银带猪”，耳中等大、直立，肌肉发达，乳头 6 对以上，排列整齐。

【项目小结】

猪的品种是养猪效益好坏的重要因素之一，没有好的猪种，就等于没有取得高效益的良好基础，不重视选种一定不会取得较高的经济效益。本部分内容介绍了地方猪种和引入猪种的外貌特征。一般地方猪种具有皮厚毛长、原始粗糙、体躯扁平、臀腿倾斜的外观表现。多数地方猪种头短粗、两耳下垂，四肢粗壮，有的地方猪种额部皮肤有皱褶。引入猪种具有皮薄毛稀、体躯长、平、宽、高，臀腿丰满的特征表现。相对于我国地方猪种来说，引入猪种头小肩轻、耳直立或前伸，体长往往大于胸围。掌握这些内容，就能够达到准确识别猪种的目的。

【知识拓展】

每个猪种各具自己的品种优点。一般来说，地方猪种具有适应性强、耐粗饲、产仔多、母性好、肉质好等优点；引入猪种具有生长快、屠宰率高、瘦肉率高、饲料利用率高等优点。生产中，常以引入猪种作为杂交父本，地方猪种作为杂交母本。以"杜长大""杜长本"或"杜大本"为最佳杂交组合，取得了较高的经济效益。

【复习思考题】

1. 根据哪些特征选择东北民猪？

2. 根据哪些特征选择太湖猪？

3. 根据哪些特征选择长白猪？

4. 根据哪些特征选择大约克夏猪？

5. 根据哪些特征选择杜洛克猪？

6. 根据哪些特征选择皮特兰猪？

7. 在较好的条件下，怎样区分我国地方猪种和引入猪种？

8. 在一大群猪中，怎样分辨出民猪、太湖猪、内江猪、长白猪、大约克夏猪、杜洛克猪、皮特兰猪？

项目三　猪场环境控制

【项目介绍】

猪场环境控制是猪场生产工作中一项非常重要工作。本部分主要是指导学员和养殖户在猪场建设时，所要了解的场址选择、场区规划设计、各类猪舍的建筑设置、小气候气象指标控制等内容，为今后进一步熟练掌握养猪技术打好基础。

【项目载体】

教材、参考书、PPT、视频、模拟仿真软件、实训场。

【项目分解】

工作任务	完成任务的技能
场址选择	会选择场址
场区规划设计	能进行场区规划设计
猪舍的建筑设计	能进行猪舍建筑设计
猪舍小气候气象指标控制	能控制猪舍气象指标

任务一　场 址 选 择

【任务目标】

本任务主要从防疫的角度、地形地貌角度、电力角度、交通条件方面教会学生如何选择场址，在最为适宜的场址进行建场。

【任务提要】

从防疫角度选择场址 → 从地形地貌角度选择场址 → 从周边环境角度选择场址 → 从电力供应角度选择场址 → 从交通角度选择场址

【方法与步骤】

一、从防疫角度选择场址

查看附近是否有过大的疫病流行，是否建有医院或兽医院、屠宰场、垃圾处理厂、农贸市场、动物交易市场、污水处理厂等，也不应建在离居民区较近的位置，起码距离在 1 000 m 以上。距铁路、国家一级和二级公路不能少于 500～800 m。

二、从地形地貌角度选择场址

选场时应选择地势高燥、背风向阳、地下水位低（应在 2 m 以下）、地面平坦且稍有缓坡的地方，坡度一般在 3%之内为宜，方便排水即可。避免建在山洞或悬崖下，也不应建在山的背后（阴面）。

三、从周边环境角度选择场址

不要建在重型钢铁厂附近，也不要建在采石场、打靶场附近，避免噪声危害。注意环保，猪场垃圾不能污染周边环境，也不能被周边环境污染猪场。

四、从电力供应角度选择场址

大型的集约化猪场，必须具备充足和稳定的电力供应，最好是双源供电。

五、从交通角度选择场址

猪场交通畅通是保证饲料运输、垃圾运送和畜产品快速运出的必要条件。必须有良好的交通条件，不能受恶劣天气的影响。猪场进出的路最好不要翻山越岭跨大河。

任务二　场区规划设计

【任务目标】

本任务目标就是指导养殖户和学员科学合理地对猪场进行规划设计。

【任务提要】

从利于生产的角度设计场区 → 从利于防疫的角度设计场区

【方法与步骤】

一、从利于生产的角度设计场区

生产区要建在场区的核心位置，并“与世隔绝”，场周围是围墙，围墙外围是防疫沟。附属的管理区域要方便生产需要，同时又不能对生产区带来负面影响，特别是要防止造成应激反应。场区规划设计模式图见图 3-1。

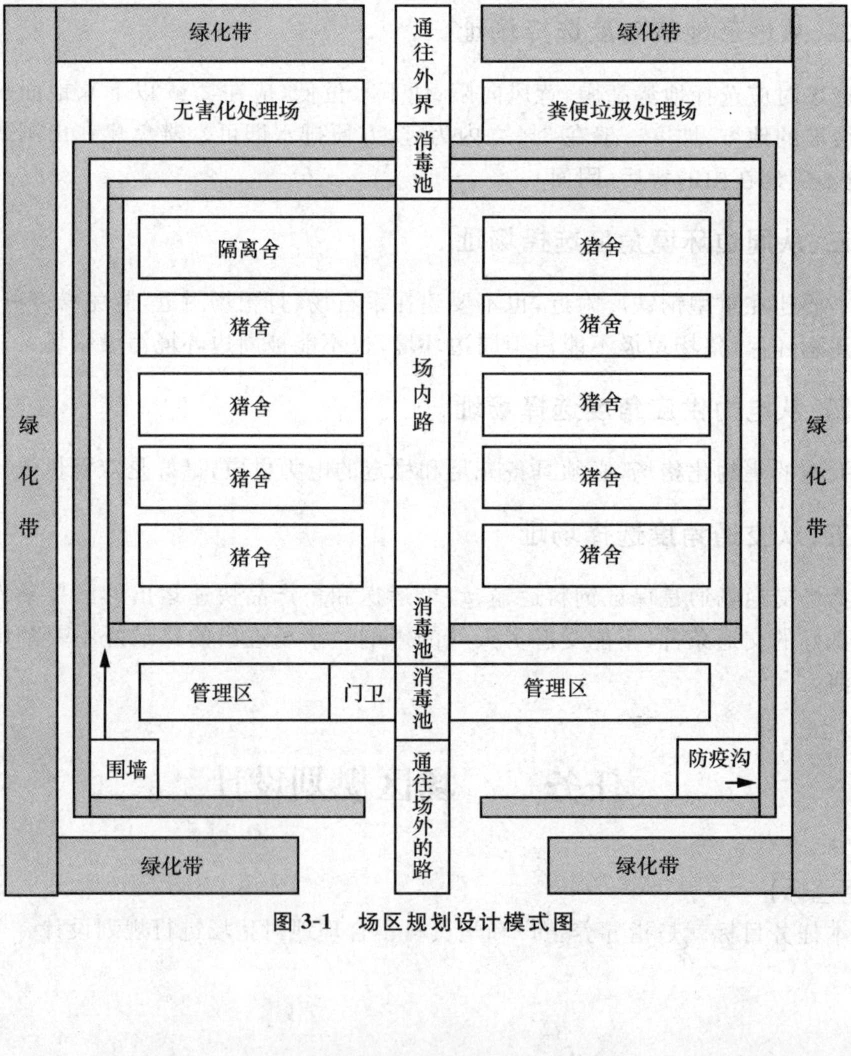

图 3-1 场区规划设计模式图

二、从利于防疫的角度设计场区

①生活区设立在猪场外，距离猪场至少 500 m 以上，地势最高的上风处，避免生产区的气味和污物对其造成污染。同时也要防止生活区的人为因素和生活污染对猪场造成污染。

②生产区是猪场的最主要的区域。管理区要比生产区地势高，生产区处在管理区的下风处、病畜隔离区的上风处。

③整个病畜隔离区应设在猪场地势最低的地方，并处在下风和偏风处。

任务三　猪舍的建筑设计

【任务目标】

本任务目标就是使养殖户和学员能够全方位地了解猪舍建筑设计的要求，能够更好地选择适宜的圈舍类型和建设更完美的猪舍。

【任务提要】

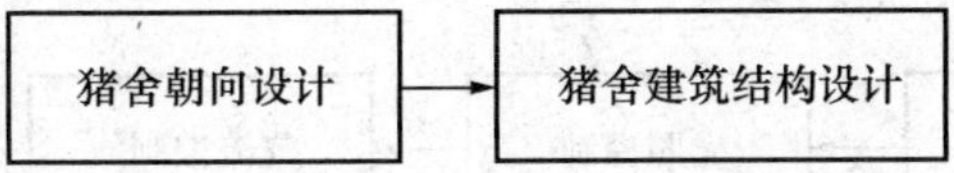

【方法与步骤】

一、猪舍朝向设计

在寒冷的季节，力争太阳光线尽可能多地直接进入舍内；到炎夏，尽量减少太阳光线直射舍内。南向舍在冬季南墙光照较多，辐射的热量也最多，东西朝向的猪舍不宜采用。

二、猪舍建筑结构设计

(1)地基设计　一般具有一定厚度的沙壤土或碎石土做地基较好，既具有牢固性，又具有较好的渗水性。

基础是建筑物埋入地下的土层部分，必须牢固、耐火、耐水，具体形状呈梯形，以减少建筑物对地基的压力。深度为 50～70 cm，以确保基础的稳定性。

(2)墙壁和屋顶设计　墙壁和屋顶必须结实耐用，保温保湿效果好。屋顶多采用保温、不透水气、轻便、不易腐烂的材料为宜。猪舍墙壁主要是砖墙或石墙，不宜采用土墙。

(3)地面设计　猪舍地面是饲养人员和猪生产活动的场所，必须结实耐用，不易渗水，隔热效果好，耐冲刷、耐酸碱腐蚀，光洁防滑。在建造地面时要保证地面平整、坚实、保温，坡度为3%～4%，目前主要是砖石地面，如果是有防水层的空心地面或可以加热的地面最理想。

(4)门窗设计　门要求宽度1.5 m，高2 m；单列式猪舍门宽度1 m，高度2 m。猪舍圈栏门宽度0.8～1 m，高度以方便作业为宜。窗户平时用于采光和通风，繁殖猪舍要求1∶(8～10)，育肥猪舍要求1∶(15～20)，窗台距地面1.1～1.2 m，窗顶距屋檐0.4 m。

任务四　猪舍小气候气象指标控制

【任务目标】

猪舍内的小气候控制主要包括温度控制、湿度控制、光照控制、气流控制和噪声控制等。本任务目标就是学习如何将猪舍小气候指标控制在最佳范围。

【任务提要】

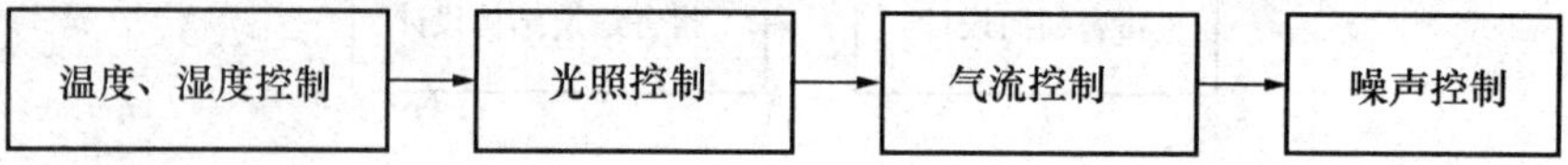

【方法与步骤】

一、温度、湿度控制

天棚、屋顶、地面和墙壁应选用保温性能良好的材料修造，设有隔热层，并且要达到一定的厚度。除用合理的保温材料外，还应适当降低猪舍的净高，有利于猪舍的保温。猪舍冬季应注意适时开天窗，以及时排除舍内水汽，防止湿度过大。不同类型猪的适宜温度、湿度见表3-1。

在北方猪舍的采暖的设备分为集中采暖和局部采暖2种形式。阳光温室猪舍较适用。

二、光照控制

猪舍的光照可分为自然光照和人工光照2种。对于无窗的猪舍则完全利用人工光照，有窗的猪舍主要以依靠自然光照为主，以人工光照为辅。

在相同面积的情况下，立式窗要比卧式窗透光角大。

表 3-1 不同类型猪的适宜温度、湿度

猪的类型	温度/℃	相对湿度/%
哺乳仔猪	27～35	60～70
断乳仔猪	26～24	60～70
幼猪(体重在 40 kg 以下)	24～21	60～70
育肥猪(体重在 40 kg 以上)	21～19	75
成年猪	18～20	75
泌乳母猪	18～20	75

三、气流控制

猪舍的通风方式主要分为自然通风和机械通风。自然通风是通过开启的门、窗、棚顶天窗和猪舍通风管道等方法实现通风。机械通风主要是在炎热的夏季,自然通风达不到正常通风要求时,利用机械来保证持续或充足的通风换气。机械通风的方式包括负压通风、正压通风和联合通风。

四、噪声控制

噪声主要是指由于猪场周围环境的工厂、公路、铁路和其他人工设施的声音对猪生产带来的声音影响。所以在建场时就要与上述的设施保持一定的距离,并且还要在猪场周围种植阔叶树木,建筑高墙,对减少噪声可起到一定的作用。

【项目小结】

猪场的环境控制是现代化养猪场顺利开展日常生产的基础和保障,是一个猪场饲养管理科学合理的重要标志。所以做好猪场的环境控制工作对一个猪场来说尤为重要,本项目就是针对场址选择、建筑设计、猪舍环境控制 3 方面进行阐述的。力求在教学和实训过程中能够使养殖户和学员达到相对独立工作的目的。

【复习思考题】

一、填空题

1. 猪场在地形地貌的选择上应尽量选择________、________、________的地方为好。

2. 育肥猪舍的门窗要求________，窗台距地面________m，窗顶距屋檐________m。

3. 猪舍内的小气候控制主要包括__________、__________、__________、________、________。

二、简答题

1. 猪场从地形地貌角度选择的主要内容。
2. 简述猪舍的防寒保温工作。
3. 简述猪舍的地面要求。

三、拓展题

在我国辽宁的东部山区如何选择一个适宜500头猪场的场址进行建场？

项目四　种猪饲养管理

【项目介绍】

本部分内容介绍种猪生产管理的流程操作要点。饲养管理在种猪生产中发挥的作用远大于遗传因素。因此，种猪精细化管理对提高生产成绩尤为重要。

【项目载体】

教材、参考书、PPT、视频、模拟仿真软件、实训场。

【项目分解】

工作任务	完成任务的技能
种公猪饲养管理	能使种公猪保持旺盛的性欲，提供优质的精液
后备母猪饲养管理	能保证后备母猪标准的体型和正常的发情率
母猪的发情与配种	能及时发现母猪发情并在最佳时间配种
妊娠母猪的饲养管理	会做妊娠诊断，掌握各阶段的饲喂量
母猪的分娩与接产	能做好接产工作
哺乳母猪饲养管理	能做到哺乳母猪泌乳量大且失重少

任务一　种公猪饲养管理

【任务目标】

饲养公猪的目的是为了配种。配种工作是养猪场一个重要生产环节，也是实现多胎高产的第一关，本任务就是研究如何提高公猪的性欲和精液的质量。

【任务提要】

种公猪的饲养 → 种公猪的管理 → 种公猪的合理使用

【知识链接】

饲养种公猪的要求：①性机能旺盛，使用年限长。②生产品质优良的精液，精子的活力强，密度高，与配种母猪达到全配满怀，受胎率高。

【方法与步骤】

一、种公猪的饲养

在公猪的日粮中一般应含有不低于12%的粗蛋白质。含有0.6%～0.75%的钙，0.5%～0.6%的磷，而钙和磷的正常比例一般应保持在2∶1.5最好。饲喂时一般体重非配种期公猪日粮的日采食量为2 kg，而配种期公猪日粮的日采食量则为2.5 kg。

二、种公猪的管理

非配种期除大风大雨及中午炎热外，每天都要运动，每日驱赶2次，每次1.5～2 km。猪体每天用刷子刷拭1次，夏天应经常洗澡，以减少皮肤病和体外寄生虫病。公猪应定期称重，经常检查精液品质，公猪精液密度中等以上，活力0.6以上才能用于输精。

三、种公猪的合理利用

小公猪配种年龄，因品种与饲养管理条件的差异而有所不同。引入的瘦肉型猪初配月龄为8～10月龄，体重120 kg以上为适宜。

在正常饲养条件下，一般2～4岁壮年公猪，每日可配1～2次，若配2次，2次间隔8～10 h，连配5～6 d，休息1 d。一般1～2岁的公猪，每日配种不宜超过1次，连配2～3 d应休息1 d。

任务二　后备母猪饲养管理

【任务目标】

本任务目标是规范后备母猪的饲养管理，确保3～3.5分的合理膘情，使之正常发情、正常排卵；确保健康、合格的后备母猪顺利转入基础群。

【任务提要】

确定配种日龄 → 调控饲料 → 刺激母猪发情

【方法与步骤】

一、确定配种日龄

后备母猪在 7 月龄转入配种舍。后备母猪的初配月龄须达到 7.5 月龄，体重要达到 110 kg 以上。公猪初配月龄须达到 8.5 月龄，体重要达到 130 kg 以上。

二、调控饲料

后备母猪饲料应含消化能 13 MJ/kg，含粗蛋白质 16%，赖氨酸 0.8%，钙 0.75%，磷 0.65%。每天每头饲喂 2.0～2.5 kg，根据不同体况、配种计划增减喂料量。后备母猪在第一个发情期开始，要安排喂催情料，比规定料量多 1/3，配种后料量减到 1.8～2.2 kg。

三、刺激母猪发情

后备母猪每天放到运动场 1～2 h，并用公猪试情。还可以调圈，和不同的公猪接触，尽量靠近发情期的母猪，进行适当运动，限饲与优饲，应用激素。

任务三　母猪的发情与配种

【任务目标】

通过科学管理，做到母猪全配全怀，多产仔，产壮仔。

【任务提要】

母猪的发情鉴定 → 掌握配种时机

【方法与步骤】

一、母猪的发情鉴定

(1)行为表现　地方品种常有鸣叫、翻圈、食欲减退或停止采食，喜欢爬跨其他母猪或被母猪爬跨，频频排尿，神情呆滞等外部表现，但引进品种及其含有外血缘的杂种母猪发情表征不明显。

(2)外阴的变化　主要症状为红肿和排出黏液。开始发情阴户红肿，颜色由浅变深；发情至旺盛时期，外阴排出白色浓稠呈丝状黏液。

二、掌握配种时机

(1)从发情症状判断　判断发情要“一看、二摸、三压背”，一看即看行为表现，如前所述；二摸即摸阴户看分泌物状况；三压背即按压母猪腰荐部，母猪表现呆立不动、竖耳举尾。此时配种最易受孕。

(2)从发情时间上判断　母猪排卵是在发情后 24～36 h，平均为 31 h，卵子在生殖道内保持受精能力为 8～12 h，而精子的成活时间为 25～30 h，因此精子应在卵子排出前 2～3 h 达到受精部位，依此推算，适宜的配种时间应是母猪发情开始后的 21 h，即在发情的第 2 天配种。

任务四　妊娠母猪的饲养管理

【任务目标】

对妊娠母猪饲养管理的目的是保证胎儿的正常发育，防止流产和死胎。确保生产出头数多、初生重大、均匀一致的健康仔猪。并使母猪保持中上等体况，为哺育仔猪做准备。

【任务提要】

【方法与步骤】

一、母猪的妊娠诊断

(1)根据发情周期和妊娠征状诊断　母猪妊娠后性情温驯，喜安静，贪睡，食量增加，容易上膘，皮毛光亮和阴户收缩。一般来说，母猪配种后，过一个发情周期而没有发情基本判断已妊娠。

(2)使用超声波诊断　利用超声波妊娠诊断仪(B 超)对母猪进行腹部扫描，观察胚泡液或心动变化，这种方法第 28 天时有较高的检出率，可直接观察到胎儿心动。

二、妊娠母猪的饲养

母猪配种后立即限制饲喂，每天饲喂 1.8 kg 饲料。如果下一发情期没有发情，可以按受孕母猪饲养，饲料量增加到 2.0 kg。在母猪妊娠期 80 d 以后，增加料量至 2.5 kg，100 d 后增加到 3.0 kg，有利于提高仔猪的初生重。但是不能加料过早，否则胎儿体重过大，容易造成难产。

三、妊娠母猪的管理

妊娠母猪管理的中心任务是防流保胎。应该单栏饲养、防止机械性刺激，禁止虐待。

任务五　母猪的分娩与接产

【任务目标】

母猪分娩是养猪生产中最紧张的生产环节，要全力以赴，尽心尽力。本任务目标是了解母猪分娩前的征状，做好产前准备工作和接产工作，保证母猪安全产仔，仔猪成活健壮。

【任务提要】

【方法与步骤】

一、母猪分娩前准备工作

(1)保持产房产床环境卫生　产房要彻底清扫，用火碱水等消毒药消毒，有条件的最好采用熏蒸消毒。

(2)母猪提前进入产房　母猪产仔前 1 周进入产房，上产床前将全身冲洗干净。

(3)准备好接产用具　水盆、干净毛巾、催产素、针具、结扎线等。

二、接产操作

①母猪分娩前用 0.1%的高锰酸钾水溶液擦洗乳房及外阴部。

②母猪产仔时保持安静的环境，仔猪出生后先用清洁的毛巾擦去口鼻中的黏液，然后再擦干全身，在距仔猪腹部5～6 cm处剪断脐带，断面用5%的碘酒消毒。如天气较冷立即将仔猪放入保温箱。

三、助产操作

根据母猪难产原因，分别采取拉、推、掏、压、催、剖的处置方法。分娩无力时可以用拉、掏、压、催的处理方法，胎位不正时先推回矫正，再掏出胎儿。多种方法无效时，可以采取剖腹取胎方法。

任务六 哺乳母猪饲养管理

【任务目标】

提高泌乳量，减少母猪失重，提高子宫修复能力，提高仔猪断乳重。

【任务提要】

【方法与步骤】

一、泌乳母猪的饲养

从分娩当天开始，提供新鲜饲料，尽量吃饱。冬季饮温水，饲料高能高蛋白质。可适当给予新鲜青绿饲料。饲喂量可以按“基础料2 kg＋0.25×仔猪数量”计算。如母猪10头带仔，则日粮供应量应该是2＋0.25×10＝4.5(kg)。产房内要设置自动饮水器和储水设备，母猪哺乳的需水量大，要保证母猪随时都能饮到清洁适温的水。

二、泌乳母猪的管理

(1)保持良好的环境

①粪便要随时清扫，保持清洁干燥和良好的通风。

②冬季应注意防寒保温，哺乳母猪产房应有取暖设备，防止贼风侵袭。

③在夏季应注意防暑，增设防暑降温设施，防止母猪中暑。

(2)保护母猪的乳房

①母猪乳房的发育与仔猪的吸吮有很大关系,特别是头胎母猪,一定要使所有的乳头都能均匀利用,以免未被吸吮利用的乳房发育不好,影响泌乳量。

②圈栏应平坦,特别是产床要去掉突出的尖物,防止剐伤、剐掉乳头。

(3)注意观察

①要及时观察母猪饮食、粪便、精神状态及仔猪的生长发育,以便判断母猪的健康状态。

②如有异常及时报告兽医,检查原因,采取措施。

三、母猪保健

对产后母猪进行保健处理(图 4-1),产后注射“产后康”等,加速子宫复原,及早恢复体况。

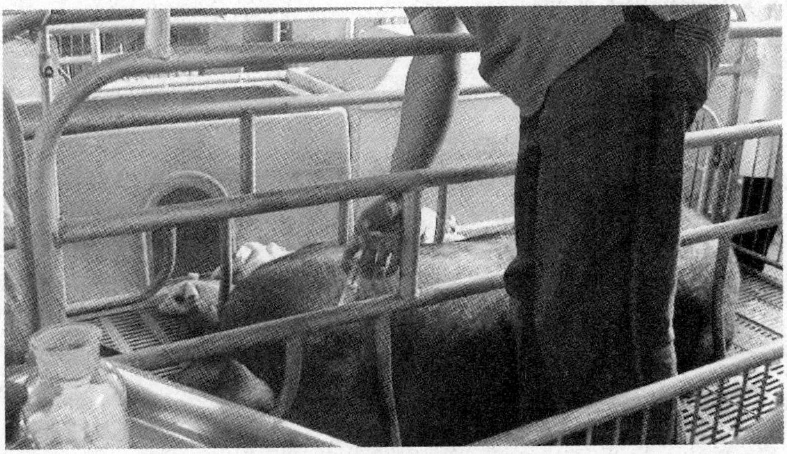

图 4-1 产后母猪保健处理

【项目小结】

种猪生产是猪场最核心的生产环节,决定着猪场的生死存亡,因此一定要养好种猪,不断提高种猪的生产成绩。本项目重点介绍了种猪各阶段饲养管理及发情配种、分娩接产和实际生产中应注意的事项。

【知识拓展】

母猪泌乳期的日粮需要高能量,以提高母猪的泌乳能力。但是高能饲料又会限制母猪的采食量,高能量泌乳饲料与采食量之间的矛盾,是世界性的难题。

【复习思考题】

一、填空题

1. 以下方法可以刺激母猪发情：调圈，和不同的公猪接触，尽量靠近发情的母猪，进行适当运动，限饲与优饲，________。

2. 仔猪出生后先用清洁的毛巾擦去________，使仔猪尽快用肺呼吸，然后再擦干全身，如天气较冷立即将仔猪放入保温箱。

3. 母猪分娩前用________%的高锰酸钾水溶液擦洗乳房及外阴部。

4. 当仔猪脐带停止波动即可断脐。方法是先使仔猪躺卧，把脐带中的血反复向仔猪腹部方向挤压，在距仔猪腹部____ cm 处剪断，断面用 5%的碘酒消毒。

二、论述题

1. 简述泌乳母猪的管理。

2. 简述种公猪的配种利用。

3. 母猪发情征状有哪些？

项目五　仔 猪 培 育

【项目介绍】

本部分内容介绍如何对仔猪进行培育。主要内容包括早吃初乳、正确补铁、防治腹泻、适时补料去势、断乳等。生产中要紧紧围绕仔猪的生理特点开展工作，实现仔猪健康快长，获得最高成活率和最大断乳窝重的目标。

【项目载体】

教材、PPT、视频、模拟仿真软件、实训场。

【项目分解】

工作任务	完成任务的技能
确保仔猪顺利度过初生关	给仔猪早吃初乳、做好保温、补充矿物质的工作
确保仔猪顺利度过腹泻关	能防治仔猪腹泻，保证全活全壮
确保仔猪顺利度过补料关	能做好补料，确保快速生长
仔猪去势	能做好仔猪去势工作，做好术后护理
仔猪断乳	能做好断乳工作，防止断乳应激发生

任务一　确保仔猪顺利度过初生关

【任务目标】

做好仔猪初生期的培育工作，通过合理饲养和科学管理，早吃初乳，提高免疫力，适时补铁，促进仔猪快速生长，达到全活全壮。

【任务提要】

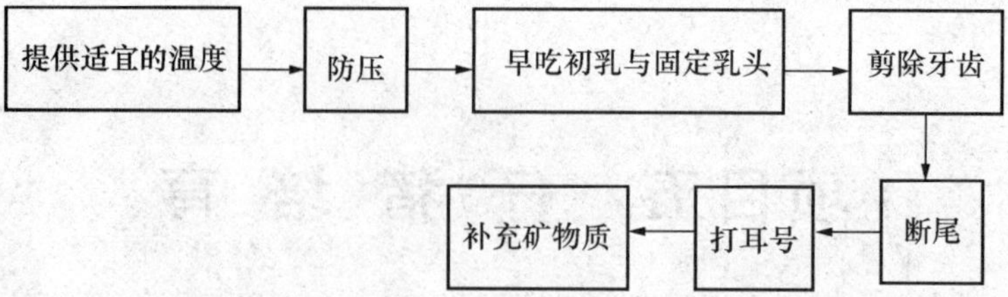

【方法与步骤】

一、提供适宜的温度

(1)根据不同日龄确定仔猪的有效温度　北方地区冬季仔猪对环境温度的要求见表 5-1。

表 5-1　北方地区冬季仔猪对环境温度的要求　℃

仔猪日龄	需要温度	仔猪日龄	需要温度
1～7	33～35	22～28	27～29
8～14	31～33	29～35	24～26
15～21	29～31		

(2)根据仔猪不同的行为表现判断环境温度高低　当观察到仔猪全身颤抖、四肢集于腹下、互相叠加拥挤在一起或向热源积聚时，说明环境温度低。如观察到仔猪远离热源、舒展身躯或呼吸加快时，说明环境温度过高(图 5-1)。

(3)利用保温箱提供舒适的环境温度　仔猪出生后，擦干身上黏液、断脐带、消毒，立即将其放入保温箱中。北方冬季保温箱内有效温度控制在 35℃。目前我国应用保温箱培育仔猪是最常见的育仔方式。保温箱的材质有玻璃钢制品、水泥制品、金属制品、木制品等。

母猪在产床产仔时，保温箱常放置于 2 头相邻母猪之间的固定位置。并列放置的 2 个保温箱分别对应不同的母猪所带的 2 窝仔猪(图 5-2)。

母猪在地面产仔时，常把仔猪保温箱放置在产房一角(如果是水泥保温箱常常是固定的)，保温箱下方的小门朝向母猪，方便仔猪出入。箱内底面铺上清洁、干燥、卫生、柔软垫草或泡沫垫。

①使用玻璃钢保温箱育仔。玻璃钢保温箱是最普通、最常见的保温箱，使用方便，在集约化猪场都能见到，有分体式(图 5-2)和一体式(图 5-3) 2 种。几乎所有猪场都是购买而不是自己制作。

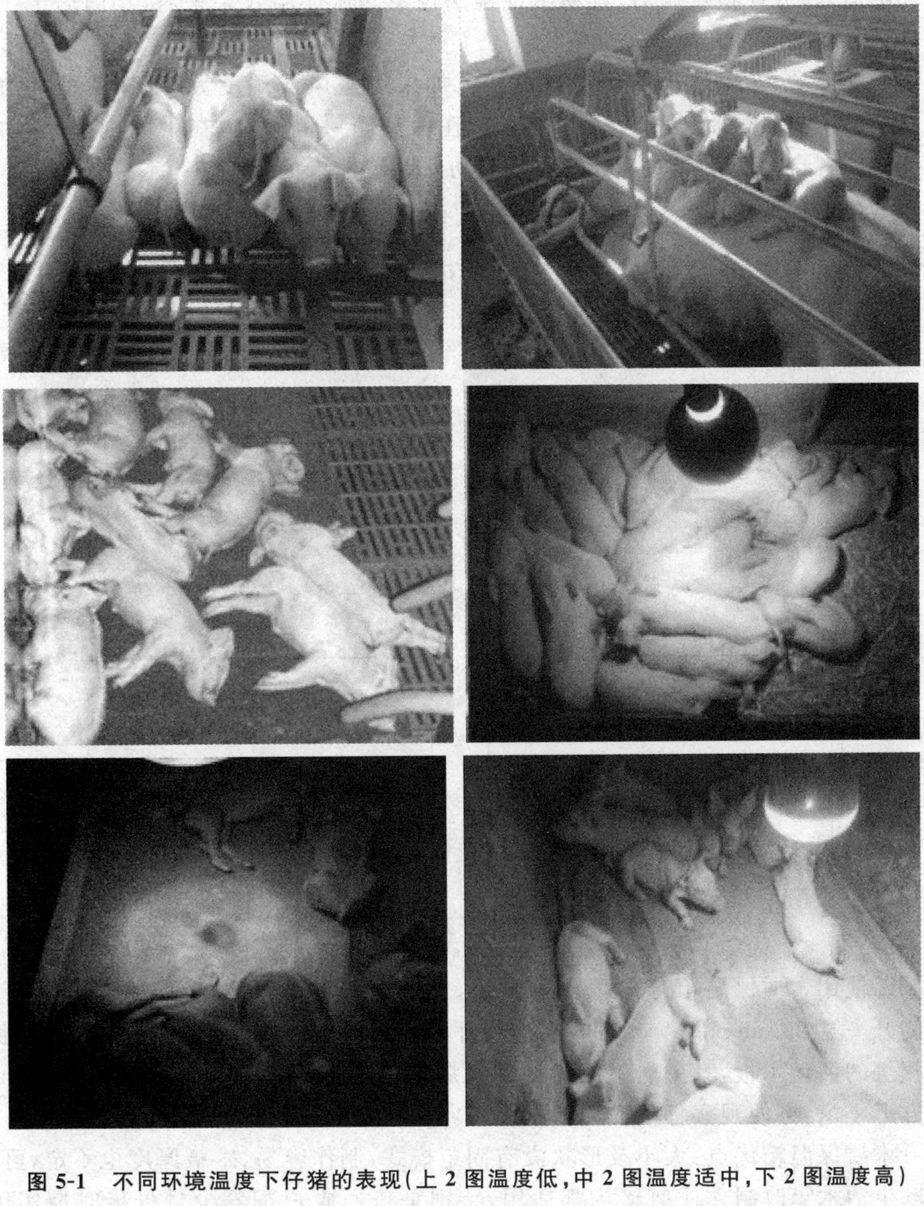

图 5-1 不同环境温度下仔猪的表现(上 2 图温度低,中 2 图温度适中,下 2 图温度高)

玻璃钢保温箱优点是有专门的观察窗、通风口、灯孔,体积较小,轻便,使用方便,并且强度高、韧性好、耐老化、耐腐蚀,内壁光滑,方便刷洗,保温效果较好。但是当仔猪出入的小门位于中间时(图 5-3 左图),容易有凉风直接吹向猪体,使猪体感到不适，降低仔猪抗病力，容易出现疾病现象。从保温效果来看，小门居于一端为好(图 5-3 右图)。

要注意的是，保温箱内切忌有贼风。如果有贼风或湿度大，则仔猪抵抗力下降，疾病发生率增加。因此，仔猪出入口在保温箱一侧为佳，在中间则效果较差。如果小门有自动门帘或人为开闭小门对防止贼风效果更佳。

图 5-2　产床、分体式保温箱

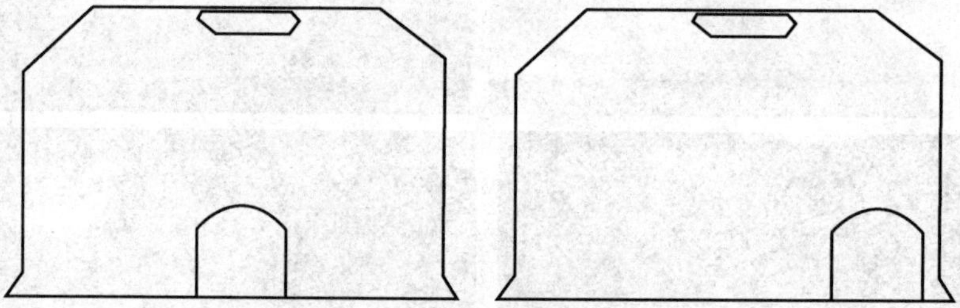

图 5-3　一体式仔猪保温箱模式图

②使用木质保温箱育仔(图 5-4)。木质保温箱没有固定格式，在箱前壁下部一侧开一宽 20 cm、高 30 cm 的小门，为仔猪出入口。箱的上盖为 2～3 块与箱长、宽相等的活动木板，其中居中的一块悬挂灯泡，作为热源，箱的上部或侧壁常开设长方形小窗，方便观察仔猪在箱内的表现。

木质保温箱优点：大小及形状没有固定模式，制作容易，木板厚度也不定，可用家庭生活木箱改制。任何猪场都适用，特别是普通农户饲养少量母猪时最实用。但是木箱并不经久耐用，不方便冲刷。另外观察窗最好是设在上部，一个即可，窗口太多导致箱内热量大量丧失。

③使用水泥预制保温箱(图 5-5)育仔。

制作方法一:用砖砌成。方法是单砖砌,可立砖或平砖砌,用沙浆做胶泥,水泥罩面。箱内面贴一层保温板,保温板近箱的里层罩一层金属网,金属网用水泥加胶固定。可以大大增强保温隔热效果,并且有一定的强度。这种结构类似人类的住宅。

图 5-4 木质保温箱

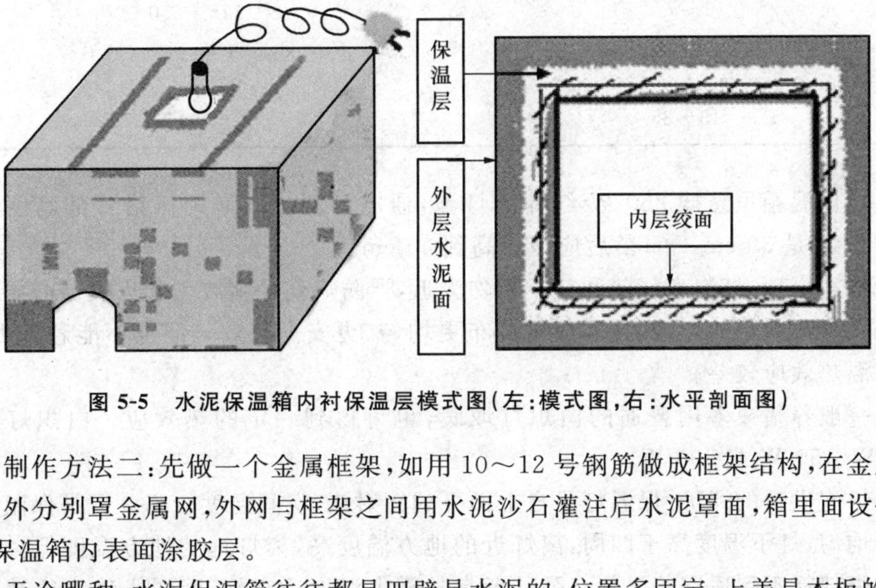

图 5-5 水泥保温箱内衬保温层模式图(左:模式图,右:水平剖面图)

制作方法二:先做一个金属框架,如用 10～12 号钢筋做成框架结构,在金属框架内外分别罩金属网,外网与框架之间用水泥沙石灌注后水泥罩面,箱里面设保温层,保温箱内表面涂胶层。

无论哪种,水泥保温箱往往都是四壁是水泥的,位置多固定,上盖是木板的,以减少重量,方便开启和工作。

水泥预制保温箱价格低廉,但是重量大,移动不方便,多为固定式。内部空间可加大,可以在其中设置补料槽。这种保温箱必须内衬木板或保温板,否则保温效果差。多适于农村散养户使用。

④使用金属材质保温箱育仔。金属保温箱可以用正规的模具生产(专业生产

厂),也可以用铁箱铁桶等改装。

金属保温箱特点:使用方便,但是在壁薄时不耐挤压,容易变形。并且保温效果差,必须设保温层效果才更好。在厚度不足且防腐不合理时,容易被腐蚀,使用寿命变短。另外仔猪出入的小门边缘必须特殊加厚处理,防止划伤仔猪。

(4)合理选择保温箱的供暖热源

①用灯泡取暖。利用红外线灯放出的热射线获得热效应,可以起到良好的御寒效果(类似人们生活中使用的浴霸),同时红外线改善机体局部的血液循环、治疗风湿等疾病,提高免疫力(类似医学上应用红外线理疗),促进生长发育。目前飞利浦防爆红外线灯有 175 W、120 W、80 W 等规格,使用时可以根据不同日龄仔猪对温度的需要选择适当的规格或调整其悬挂高度(表 5-2)。

表 5-2 不同日龄仔猪对保温箱内灯泡功率的要求

仔猪日龄	红外线保温灯功率(冬季)/W
1～7	175～250
8～14	175
15～35	150

在保温箱里悬挂 250 W 红外线灯泡,通电升温。灯泡距仔猪背部高度最初 1～7 日龄是 30 cm,7 日龄后应该提高到 40 cm。

注意事项:灯泡离仔猪和垫草切勿太近,严防烤伤仔猪或引起火灾。必要时宁可用 2 个瓦数小的灯泡,这样热量分布更均匀、更安全有效。但也不能悬挂太高,太高温热效应较差。

一般养猪户多用普通的白炽灯取暖,也可得到一定的热效应。白炽灯多用 100 W、150 W 或 200 W。

灯泡供暖的评价:保温灯是自上而下的辐射热,空间温度较高。但是保温灯供热不均匀,灯下温度高于四周,离灯近的地方温度高,离灯远的地方温度低。而且仔猪腹部得不到适宜的温度。强壮者常常霸占温度适宜处,而弱小猪往往被挤到一边。

②用电热板取暖。选择电热板的规格时,要注意与保温箱的嵌合程度,太大,装不进去,太小,边缘空隙大,部分仔猪可能被挤到没有电热板的缝隙中而享受不到电热板的温暖。要求电热板边缘离保温箱侧壁间隙最好不超过 2 cm。如果是自己制作保温箱,可以按电热板的规格来设计。达到最大程度的吻合(图 5-6)。

电热板的质量要求：受热均匀，滑涩适宜，不要特别光滑，否则容易滑倒。边缘不能锐薄或有刺，防止划伤仔猪。同时要求导热性能好，升温快，热量均匀，不漏电。重量适宜，拿用方便。

③自制简易电热毯取暖。选料：选择长 80～90 cm，宽 50～60 cm，较厚的塑料板 3 块。自五金商店选购人用电热丝 1 套（单人、双人的均可，见图 5-7），另外准备卷尺、剪刀、针、线。

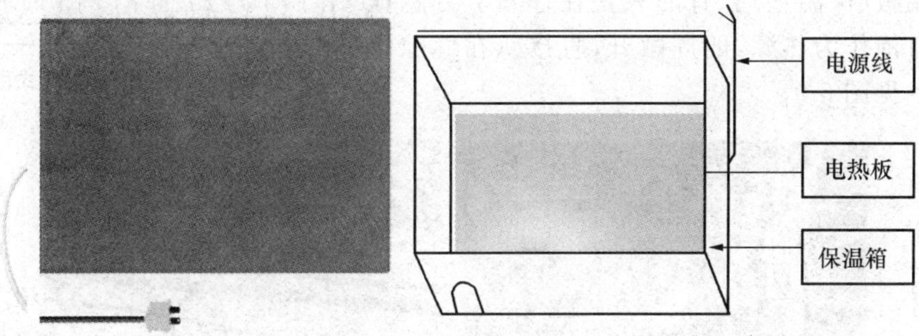

图 5-6 电热板与保温箱

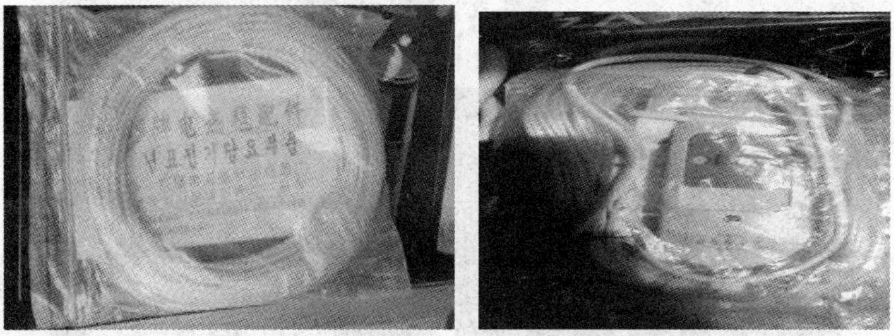

图 5-7 电热丝（左无开关，右带开关）

制作：取一块塑料板，在其两长边分别距离边缘 2 cm、4 cm 处各划一条直线。量取长度 30～33 m 的电热丝，从塑料板一个端点将电热丝固定，然后拉直延伸到另一边缘划线处以弧形向远端方向折回。再拉直，回到初始一边划线处后再向远端方向弧形折回……最后在距长边 4 cm 的直线与边缘之间折回到初始点。直线部分每隔 5 cm 左右用线缝个结以固定之。

上述电热板两面各贴一块薄塑料板，四角用线固定，然后将其他部分适当用线固定。塑料板外围套上粗麻布，缝合固定，电热毯即制作成功（图 5-8）。

④用灯泡＋电热板（毯）取暖。腹下铺有电热毯（板）、上边有灯泡供暖，这是最

理想的供暖方法。这样可以使仔猪完全处于温暖舒适的环境中。

(5)使用敞开式热源培育仔猪　国内外部分猪场根本不用保温箱,而是用一个类似于养鸡育雏使用的育雏器一样的装置作为敞开式热源(仔猪的四周都是敞开的),相对应的床面放置保温板(保温垫)。有的只是在仔猪上方悬挂一个灯泡作为热源,四周敞开,直接趴在缝隙床面上。见图 5-9。

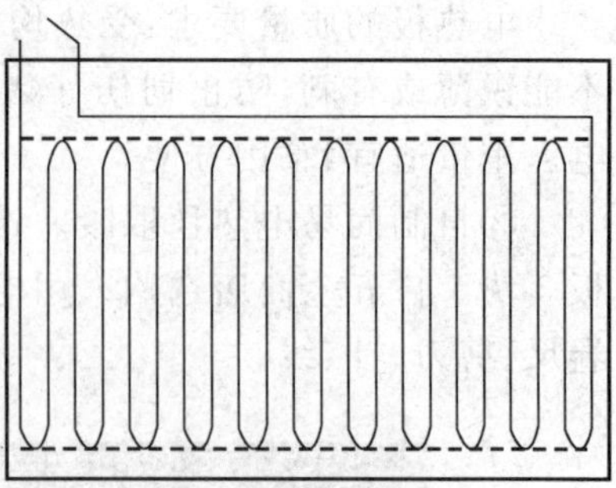

图 5-8　自制电热毯模式图

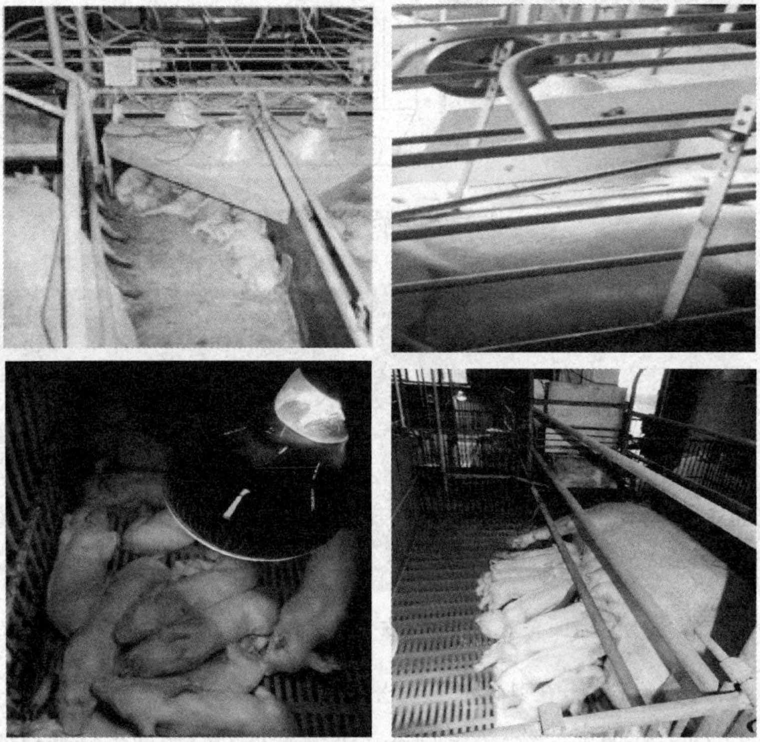

图 5-9　无保温箱培育仔猪

敞开式供热造成热量浪费多,仔猪得到的热效应较差,不经济。在电力取暖价格昂贵的情况下尽量不用此法。

(6)冻僵仔猪的急救　案例:因电源故障,饲养员失职,10 日龄仔猪所居环境结冰,12 头仔猪冻死 5 头,另外 7 头都已冻僵。这 7 头仔猪仅有微弱的呼吸,或已经感觉不到有呼吸体征（胸腹部看不到明显的呼吸起伏动态，鼻端也感觉不到有气流呼出）。全身冰凉，口腔内温度也仅在0℃左右（手感），舌没有活动能力，拉出不回缩，眼无光感反射，全身痛感消失，无任何反射。马上将这7头冻僵仔猪放在屋内火炕上，炕头表面温度烧热到80℃以上。仔猪身下、身上铺盖棉垫，使其处于50℃左右的“被窝”中，专人看护，频繁翻身，防止烫伤。经过2 h后，冻僵仔猪眼睑有了活动。4 h后，眼睛有了光感反射，头部能微微活动。4.5 h后，腿部也有了活动，口腔内温度上升，不再冰凉，舌头也能回缩。用注射器向口腔内注入温热的葡萄糖氯化钠溶液，能自行吞咽一部分。5 h后，四肢活动增强，开始挣扎。6.5 h后，仔猪能蹒跚站立。此时加厚垫，将其放于35℃左右的环境中。每头仔猪口腔灌服糖盐水30 mL，能够咽下。7 h后，仔猪有一定食欲。8 h后，仔猪能主动觅食，次日完全恢复正常。

特别强调：如果出现仔猪冻僵现象，必须及时抢救。农村有用雪搓擦冻僵仔猪全身的“急救”办法，切勿采用，否则加剧冻害。

【知识链接】

新生仔猪生理特点

（一）生长速度快

仔猪出生后代谢十分旺盛，体重增加很快。1月龄体重可以达到初生重的5～6倍，2月龄可以达到12倍以上。有的增重速度更快，这是牛、马等动物不能相比的。据学生反馈信息，抚顺市宏业牧业有限公司一窝28日龄仔猪体重达到13 kg。在目前的养猪水平下，抚顺连生牧业公司70日龄仔猪体重达到30 kg以上已经不足为奇，有的已经达到35 kg。可见仔猪生长十分迅速，在此期需要的营养物质相对较多，要求饲料营养全价。

（二）消化能力差

仔猪的消化能力差主要表现在如下几方面。

①胃肠容积小。每次容纳食物的体积有限，如果每次采食量过大，很容易造成消化不良性腹泻。

②消化液不充分。缺乏游离盐酸、蛋白酶、蔗糖酶，在配制人工乳时避免加入蔗糖，否则可能造成腹泻，甚至中毒。配制乳猪料时，必须限制植物性蛋白质饲料比例，最好用一定比例的动物性蛋白质饲料。

（三）抗寒能力差

初生仔猪皮薄毛稀，皮下脂肪少，保温隔热能力很差。大脑皮层调节体温的机能不健全，不能进行化学调节。新生仔猪没有经过冷热交替训练，对冷热变化不能很好地适应，特别怕冷。刚出生的仔猪要求环境的临界温度是 35℃，如果环境温度低，仔猪用大量血糖转化为热能维持体温，时间过长就会造成血糖降低，继而身体虚弱，抵抗力下降，甚至引起低血糖性腹泻或出现昏迷、抽搐等现象（有些人误以为是脑炎或是伪狂犬病等）。如果温度长时间低于临界温度，仔猪就会出现体温逐渐下降，甚至被冻僵冻死。

（四）抗病能力差

新生仔猪出生后体内几乎没有免疫抗体，自身抵抗力极低，容易感染疾病。因此，应该及早得到母源抗体，注重管理，特别是要保证环境舒适。

二、防压

母猪踩压仔猪致死致残比例相当高，可以达到 40％以上，通过使用保温箱或护仔栏，可以保护仔猪免受踩压。

1. 利用保温箱防止踩压

保温箱是最常用的保温设备，现在国产的连体产床多数带保温箱，对仔猪保温效果极好，同时也是最好的防压设备。仔猪吃奶后回到保温箱内休息，避免了被母猪踩压现象的发生（图 5-2 右）。

2. 利用护仔栏防压

护仔栏是保温箱以外最好的防压设备。有的母猪体大笨重，行动迟钝，或母性不好，起卧时易压死或踩死仔猪，特别是初生仔猪行动不灵活更易被踩死、压死。为此，产床都做成限位栏，对母猪限制活动范围，对仔猪也形成保护。在地面产仔时，可在猪床靠墙的两边用铁管或圆木在离墙和地面各 30 cm 处，安装护仔栏（架），母猪在躺卧时，身体先接触的是护仔栏（架），机灵的仔猪可以趁机逃命。网床护仔栏见图 5-10。

图 5-10 网床护仔栏

三、早吃初乳与固定乳头

1. 尽早吃到初乳

仔猪生后在保温箱内 1 h 后，被毛已经干燥，有了一定的活动能力。就应该从保温箱拿出放到母猪乳头附近让其哺乳。拿仔猪时最好两只手托住，拇指和手掌在仔猪体侧进行保护。如果手法娴熟，也可以一只手托腹而拿。切不可拎着猪耳朵，也不应拎着一条腿。

2. 人工固定乳头

最初 3 d 按顺序进行固定乳头，将弱小仔猪放在母猪前面的乳头吃奶，体大强壮的放在后面乳头吃奶，3 d 后就有序哺乳了。对初次哺乳找不到乳头的仔猪(如个别跑到母猪头部和尾部的仔猪)，应人为辅助帮其找到乳头，并真正吃到母乳(图 5-11)。这要求饲养员有高度的耐心、爱心和责任感。

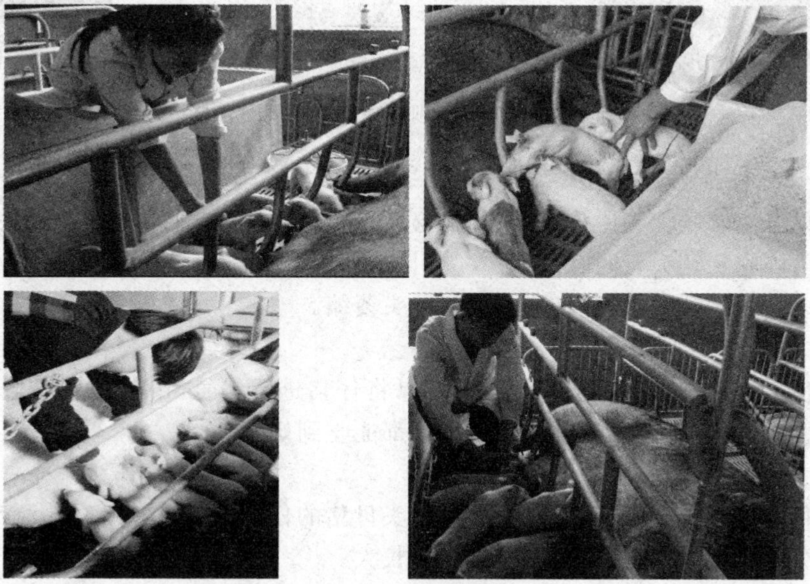

图 5-11 固定乳头

抚顺连生牧业公司用木板隔开法固定乳头，效果较理想。方法是：在长约 80 cm 的木板上，制作 6 个隔断，每个隔断位置对应一对上下乳头，每一隔内放相应的一对仔猪(仍然是前小后大的原则)。仔猪不会来回乱窜，只能上下活动。这样就避免了强夺弱势的现象。在仔猪无序乱窜、互相争抢乳头而较长时间不能安静哺乳时，这种方法特别奏效，见图 5-12。

图 5-12 哺乳仔猪限位隔板模式图

3. 特殊哺乳

对实在吃不到奶的仔猪，要进行特殊哺乳。可单独哺乳，或将母猪的初乳挤出来，再用注射器投入仔猪口中，或者用奶瓶饲喂人工乳，见图 5-13。

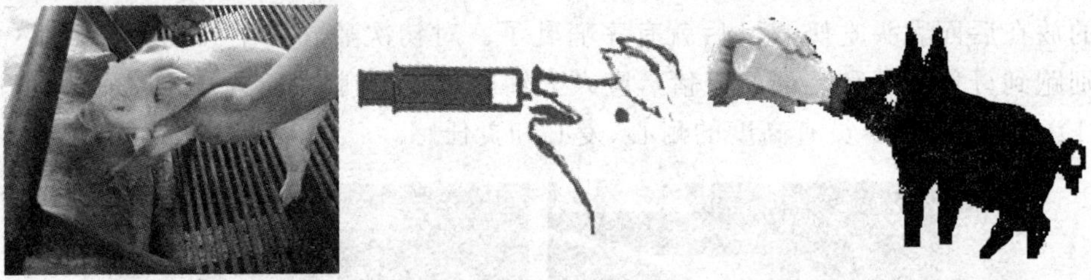

图 5-13 对个别仔猪特殊哺乳图

4. 训练仔猪吃 2 个乳头

如果母猪有效乳头比仔猪多、母猪泌乳量充足时，可以采用自然固定法，每个仔猪都可以吃到乳头。同时，应该人为引导，训练个别仔猪吃 2 个乳头。这样既能让仔猪多吃到奶，同时也可以防止母猪乳头萎缩。

5. 分批哺乳

当仔猪数量过多、乳头数不足时，可以将仔猪进行编号，按单双号把全窝仔猪分为 2 批次进行轮流哺乳，保证每头仔猪都能吃到奶。

6. 寄养

当仔猪数量多于母猪乳头数，而另一头母猪的仔猪数少时，可将前一窝仔猪拿出一部分给后一头母猪，让其吃继母的奶长大。

①确定寄养时间。在生后 36 h 内进行寄养较好。如果超过 36 h，猪群内生物学地位已经建立，寄养时仔猪就会出现咬架现象。

②寄养操作方法。选择在夜间进行。先将被寄养的仔猪与继母的原窝仔猪群共同放入一个保温箱内，经过 1 h 左右时间后气味相同。第 1 次哺乳时，先在母猪鼻端滴几滴白酒，使母猪失去对外来仔猪气味的辨别能力，然后让这些仔猪一起哺乳。如果母猪无异常反应，寄养基本成功。

7. 人工哺乳

特殊情况下，母乳不足或其他原因仔猪吃不到母乳，应该采用人工哺乳方法。配方如下：牛乳 1 000 mL，葡萄糖粉 50～60 g，1%硫酸亚铁溶液 10～12 mL，0.01%硫酸铜溶液 10 mL。0.001%亚硒酸钠溶液 0.8 mL，充分混合后备用。饲喂时将若干奶瓶放于架上合适位置固定，让仔猪各自都有一个奶嘴自由吮乳。

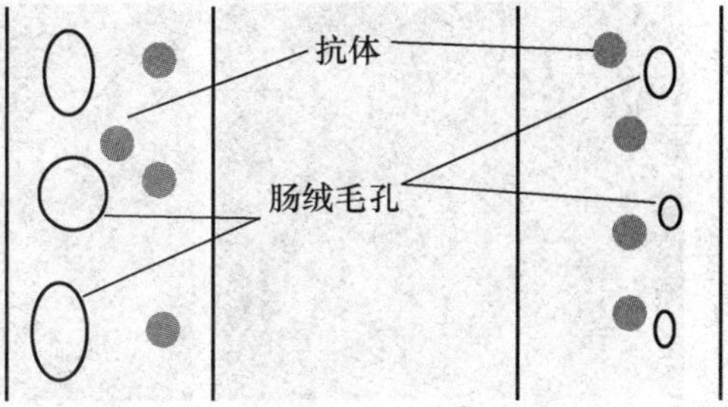

图 5-14 仔猪出生后对抗体的吸收能力变化

【知识链接】

初乳中干物质较多，乳蛋白含量高，特别是免疫球蛋白含量丰富。生后最初几小时初乳中免疫球蛋白可以原形被吸收，但吸收率逐渐下降(图 5-14)，在大约 6 h 之后，肠道绒毛顶端的吸收孔逐渐开始关闭，吸收抗体的能力迅速下降，到了出生后 24 h 后，乳中免疫球蛋白几乎不能原形吸收。一般要求在出生后 2 h 内吃到初乳，以迅速提高机体免疫力。

四、剪除牙齿

1. 掌握仔猪牙齿形状、位置

初生仔猪在门齿与臼齿间隙处上下各有 2 对很尖锐的牙齿(图 5-15 左图)，特别锐利，在争抢乳头时很容易咬伤母猪乳头(图 5-16)，为此养猪生产中常将这 8 颗牙齿剪除。

2. 准备用具

将剪牙(磨牙)器具消毒后放于方盘中备用(图 5-15 中图、右图)。

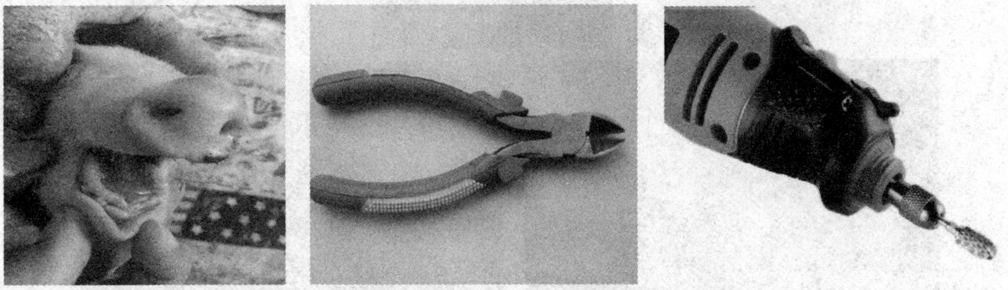

图 5-15 初生仔猪牙齿形状位置及剪牙(磨牙)工具

3. 保定仔猪

①助手保定仔猪，使其固定不动，头部朝向操作者。

②操作者左手握住仔猪头部向上提起，呈仰脸姿势。拇指在猪口角一侧，另外4指在口角另外一侧，两侧手指适度用力打开仔猪口腔，露出牙齿。

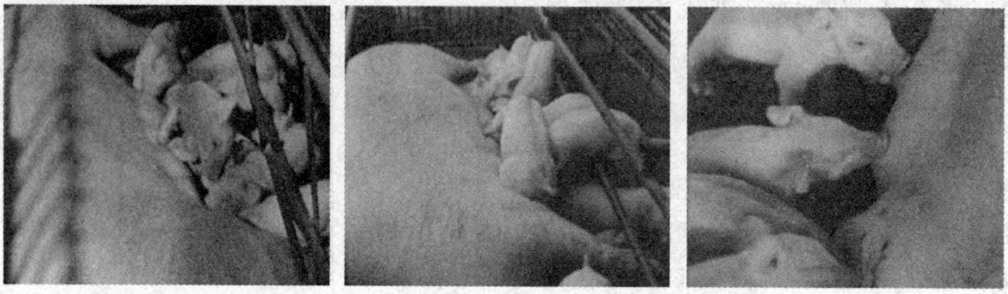

图 5-16　仔猪争抢乳头时咬伤乳房和乳头

4. 去齿操作

①操作者右手持专用齿钳，与齿龈平行方向伸入仔猪口腔。

②把上下 8 颗牙犬齿各剪去 1/2。

③修整牙齿断面，使其尽量平整，防止锯齿状。

④剪掉(磨平) 8 颗牙齿后，用棉签蘸取青霉素粉外敷在牙齿断面上，以防发炎，见图 5-17。

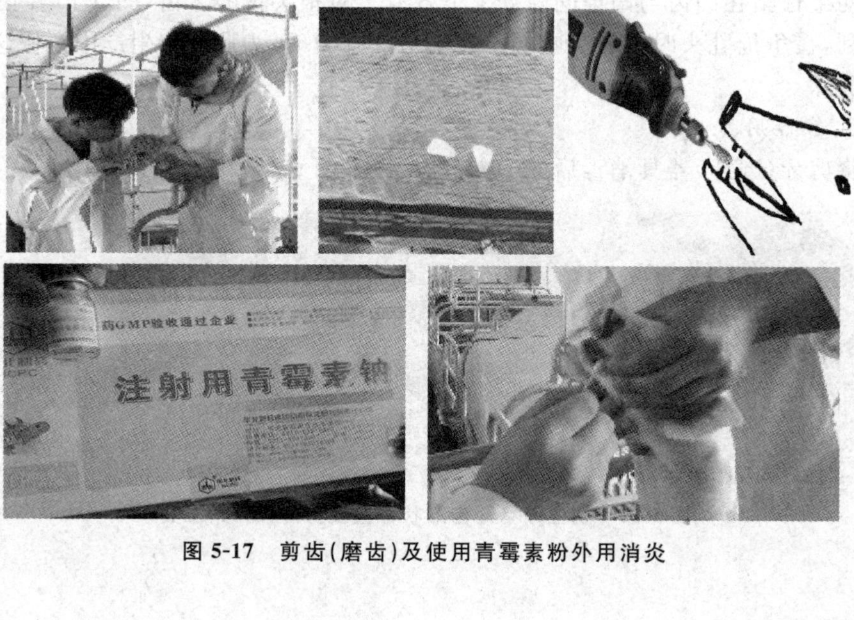

图 5-17　剪齿(磨齿)及使用青霉素粉外用消炎

⑤标记记号，放回保温箱，以防再次被抓。

5. 去齿注意事项

①剪掉的齿要取出口腔外，防止仔猪吞咽。

②下颌的齿常被舌边部覆盖，应避开舌缘再剪，以免剪破舌头。

③操作动作要准而快，切勿用力掰、拔，以免损伤齿龈。

④断面要平齐，不能紧贴齿龈。如果有条件，可以用电动磨牙工具磨平牙齿断面。

⑤断面往往出血，应该外敷消炎药粉。实践中使用青霉素粉断面外敷，效果很好。

五、断尾

1. 采用烧烙断尾法

(1)准备用具　用具主要是断尾电刀和消毒棉签。用前检查断尾电刀各部位是否牢固、是否能正常使用、是否清洁。在完好无损的情况下，接通电源，预热电刀。见图 5-18。

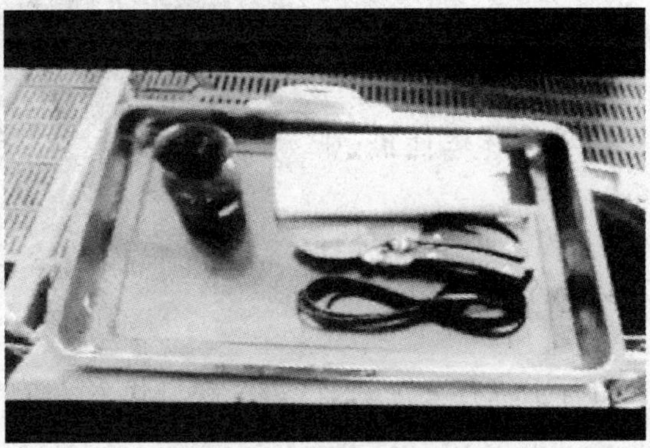

图 5-18　仔猪断尾钳

(2)保定仔猪　抓猪时最好是两手抓，将仔猪横抱，腹部向下，尾侧朝向术者。术者仔细检查尾部是否清洁，如果尾部肮脏不洁，必须先进行清洁处理再断尾。

(3)剪断猪尾　术者左手将仔猪尾拉直，右手持已充分预热的断尾电刀在距尾跟 3 cm 处，稍用力，尾巴瞬间被切断，同时烧烙止血。见图 5-19(左图、中图)。

(4)消毒　用棉签蘸取碘酊进行断面消毒。见图 5-19(右图)。

2. 断尾注意事项

①仔猪保定必须到位，以利于固定切断部位。一般留下长度不少于尾长的 1/3。

②断尾电刀应充分预热，控制一定的温度。

③防止意外伤及人、猪。

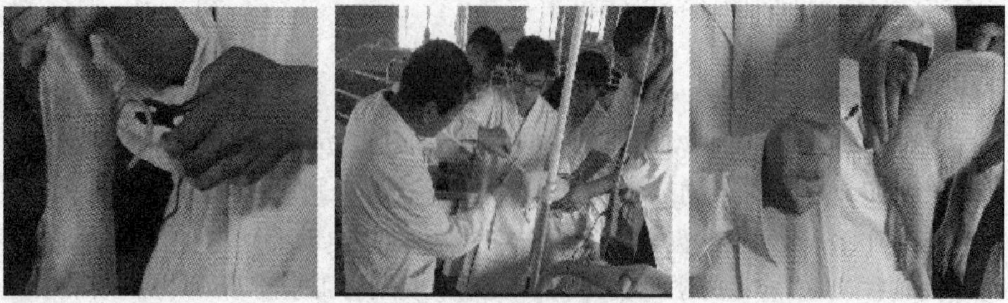

图 5-19 仔猪断尾图示

六、打耳号

(1)准备器具 打耳号的用具主要是耳号钳，包括号码钳(打耳号牌)、耳缺钳(打耳缘缺口)、圆眼钳(打耳眼)。操作前检查用具是否正常、是否已经清洁消毒，然后摆放在清洁的方盘里备用。见图 5-20。

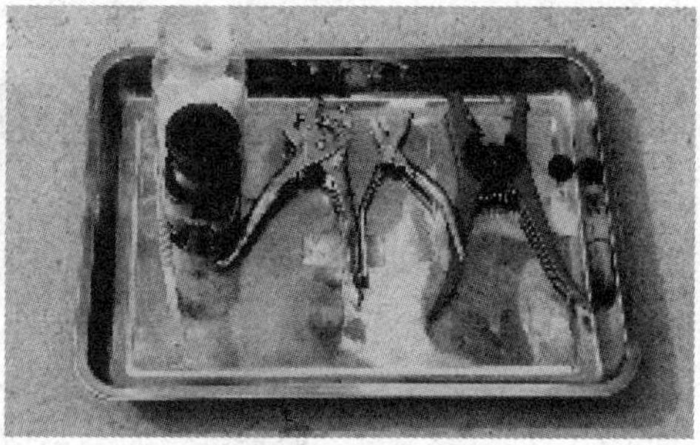

图 5-20 耳号钳

(2)保定仔猪 由助手保定仔猪，耳部朝上，面向术者。

(3)打耳号操作 以 1 588 号为例，见图 5-21。本着“左大右小、上 1 下 3”的原则打号。

个位号打法：在右耳上缘打 2 个缺口，每个缺口代表 1；在右耳下缘打 2 个缺口，每个缺口代表 3。1＋1＝2，3＋3＝6，2＋6＝8。

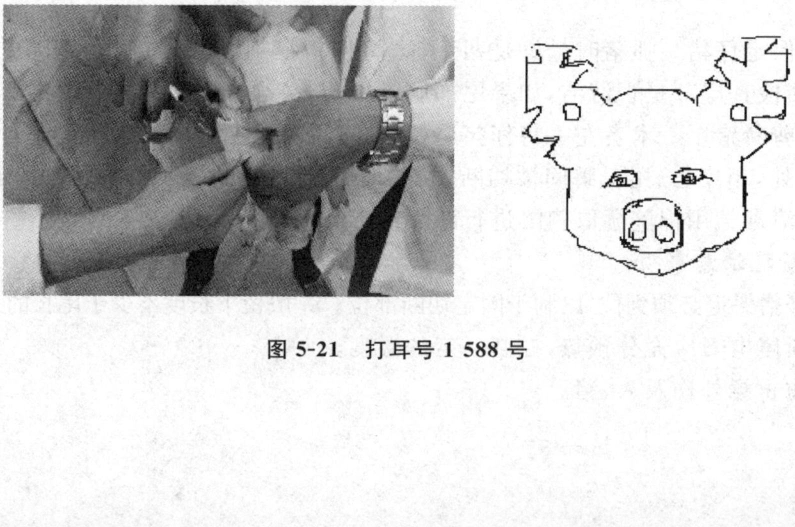

图 5-21 打耳号 1 588 号

十位号打法:在左耳上缘打 2 个缺口,每个缺口代表 10;在左耳下缘打 2 个缺口,每个缺口代表 30。10+10=20, 30+30=60,20+60=80。

百位号打法:在右耳尖部打个缺口代表 100,在右耳中心打个缺口代表 400,100+400=500。

千位号打法:在左耳尖部打个缺口代表 200,在左耳中心打个缺口代表 800,200+800=1 000。8+80+500+1 000=1 588。

七、补充矿物质

补充矿物质主要是补铁。因为仔猪生后 5 d 就可能缺铁,继而引起仔猪贫血。

1. 选择铁剂

常用的注射铁剂很多,商品名有多种,如抚顺地区常用的“生血”“富血针”,阜新地区常用的“铁血龙”等,其有效成分都是右旋糖酐铁,规格包括50 mg/mL、100 mg/mL、150 mg/mL。集约化猪场及绝大部分散户养猪都选择注射法补铁。在实际操作过程中应选择高浓度铁制剂(含铁量为 150 mg/mL)。如果选择低浓度铁制剂(含铁量为 50～100 mg/mL),则注射剂量大,注射后极易使注射部位肿胀,且吸收不佳,有时候引起局部脓肿、坏死。

2. 选择用具

注射用具主要是 2 mL 一次性注射器,每猪 1 支,另备消毒棉球,放于洁净的方盘中备用。

3. 操作方法

对出生 3 d 的仔猪,每头颈部注射 100～150 mg 的铁剂(也可以在臀部肌肉丰厚的部位,见图 5-22),避免现场嘈杂,防止人员急速走动,减少应激反应。补铁后 2 周内,若仍有贫血现象,应再补充 50～100 mg。注射补铁法效果确实,对任何猪场都实用,是目前养猪应用最广的补铁方法。

4. 注意事项

①剂量不能过大。新生仔猪补铁剂量掌握在 100～150 mg,量小不能满足机体需求,量大则易产生较强的毒副作用。超剂量注射铁制剂会引起仔猪急性中毒,轻者临床表现为腹泻、呕吐,重者休克或死亡。曾有人给新生仔猪补铁,注射“右旋糖酐铁注射液”,刚刚注射完毕,人还没有撤离,11 头仔猪全部死亡。前后不超过 5 min,其原因就是剂量过大。

②注射时一定选择肌肉丰厚的部位,采取深部肌内注射。否则肿胀严重,个别可能导致局部脓肿或坏死。

③切忌将药物注入血管内。

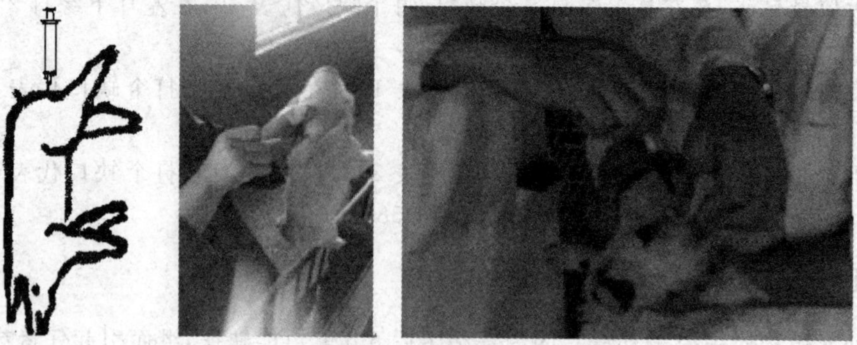

图 5-22 肌内注射补铁

④选择含量高、体积小的铁剂，防止注射容量过大。

⑤尽量选近期出厂的，药液必须保存在棕色瓶中，防止铁离子分离出来。

八、任务小结

仔猪阶段是猪一生中最难养的阶段，而初生期是仔猪阶段最难养的时期。仔猪自身免疫机能尚未形成，对疾病抵抗能力特别弱，极容易发生疾病。需要较好的培育条件，特别是对环境温度要求较高。仔猪阶段养育良好就会使后续工作顺利进行，疾病减少、增重迅速。本部分内容重点叙述了完成初生期仔猪的饲养管理，包括早吃初乳、如何固定乳头、如何保温防压、如何去齿、如何补铁等内容。

任务二 确保仔猪顺利度过腹泻关

【任务解析】

仔猪腹泻是最常见的疾病，也是危害最大的疾病之一，是引起仔猪死亡的主要原因。包括黄痢、白痢、红痢，仔猪腹泻的发病率一般在 30%左右，死亡率 10%左右。严重时，发病率及死亡率都可以达到 100%。

仔猪黄痢是大肠杆菌引起的急性、剧烈水泻、迅速死亡的传染病。3 日龄内仔猪多发。

仔猪白痢是由大肠杆菌引起的 10～20 日龄的仔猪传染病，临床以排白色稀便为特点，可引起全窝发病。

仔猪红痢是由 C 型产气荚膜梭菌引起的肠毒血症，特征是排血色稀便，肠坏死，生后数小时至1周内发病，以1～3日龄居多。病程短，死亡率高。

仔猪腹泻长期制约养猪业的发展，给养猪生产造成重大的经济损失。因此，对仔猪腹泻的病因进行具体分析，制订相应的防制措施，对养猪生产具有重要的意义。

【任务目标】

通过合理预防确保仔猪腹泻发生率控制在最低水平；通过及时合理的治疗，提高治愈率，达到最高的成活率。

【任务提要】

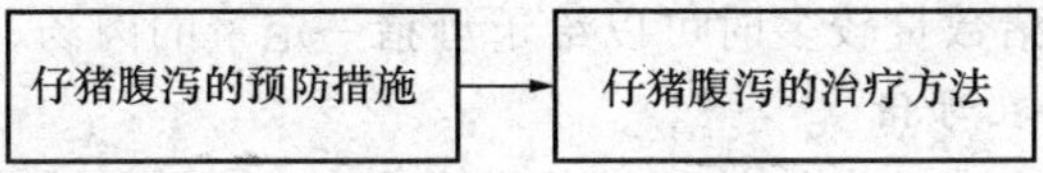

【方法与步骤】

一、仔猪腹泻的预防措施

（一）加强妊娠母猪保健饲养

1. 加强妊娠母猪饲养

受“低妊娠高泌乳”的影响，多年来养猪户都是重视哺乳母猪的饲养而轻视妊娠母猪饲养，农村有的散户饲养妊娠母猪的饲料只是稻糠＋玉米面，没有认识到妊娠母猪饲养好坏与仔猪生长发育和健康程度有着直接关系。实践证明，凡是加强妊娠母猪饲养管理的猪场，多能得到健壮仔猪。加强妊娠母猪保健饲养，获得健壮仔猪，已经在抚顺连生牧业公司得到了验证。养猪专家于连生老先生在40多年的养猪生涯中，摸索出了一套实用的养猪经验。他的做法是精养妊娠母猪，仔猪健壮，生长发育快，成活率高。母猪在配种前即实行高能饲养，保证良好膘情。配种后立即减料，每头日仅供料1.8 kg（按胎次和体重适当增减）。待下一情期不再出现发情现象，就初步认定是已经妊娠。此时增加饲喂量至每头日2 kg，妊娠80 d后，饲喂量增加到每头日2.5 kg，100 d后由妊娠料改为哺乳料，并增加到3.0 kg。在母猪产前3 d逐渐减料10%～30%，防止难产。这样饲养得到的仔猪初生重都能在1.5 kg以上，死胎、弱胎特别少，仔猪健壮，生长速度快，成活率在95%以上，70日龄体重都能在30 kg以上。

2. 做好妊娠后期母猪免疫

给妊娠母猪注射疫苗预防仔猪腹泻已达成多人共识，但是一部分人却忽视了这一点。实践证明，在母猪妊娠最后1个月，给母猪注射疫苗防止仔猪腹泻效果较好。

(二)加强哺乳母猪保健饲养

1. 合理搭配饲料

哺乳母猪的日粮构成有别于其他阶段。乳中的成分都从饲料而来,5 周泌乳量可以高达 350 kg,从质和量方面,对饲料都是绝对的依赖。在充分满足能量的基础上(饲料本身能量不足时必须加油脂提高能量浓度),要保证日粮粗蛋白质的含量不能低于 18%,矿物质和维生素的需要也要比妊娠期有所提高。如果有条件,应该给母猪多喂青饲料。这样可以保证母猪泌乳量增加,乳质提高。

配制哺乳母猪日粮一要保证营养全价,二要保证容易消化。最好有一定量的青绿饲料。对于仔猪数量较多时可以给予母猪一定量的肉汤、鱼汤等。

2. 合理饲喂哺乳母猪

科学做法是分娩当日先给软的容易消化的饲料,如麸皮玉米面粥料,内加食盐、维生素。温度低或母猪体质虚弱时,应加入适量红糖、益母膏,以促进母猪产后体质的恢复。次日转为正常饲料。在基础料 2 kg 的基础上视仔猪数量而逐渐加料(生产需要),7 d 后泌乳需要饲料量加到每头仔猪 0.25 kg。按 10 头仔猪哺乳计算,日采食饲料量是 4.5 kg。饲喂时防止母猪突然暴饮暴食。特别是产后当日,母猪腹腔空隙增大,饥饿感增强,食欲大增。应该加以控制,否则很可能采食过多,造成消化不良。在泌乳期给予优质青绿饲料有利于泌乳。

3. 母猪保健

做好环境指标控制,保证清洁,避免环境不良导致母猪乳房感染,引起仔猪腹泻。及时清除粪便,保持圈舍卫生干燥,母猪产前 7 d 进入打扫干净的产圈,用农福消毒剂进行全面消毒。如果是散养户,地面产仔,可以铺上干净、干燥的垫草,并保持产舍温暖舒适。

怀孕期母猪可以试用“母猪乐”。据介绍,不但可以达到“产仔多、奶水好”的目的,而且可以“提高母猪非特异性免疫力”。也可以在产前产后适当喂给益母草膏,加速产后子宫复旧。生产中饲喂富含硒的饲料,对繁殖有益。

产后母猪子宫内输入“宫得康”预防子宫炎的效果较好。也可以注射产后康。

(三)加强仔猪保健

1. 早吃初乳、吃足初乳、适时补料

生后 2 h 内吃到初乳,及早从初乳中得到抗体,提高机体对疾病的免疫力。保证每个仔猪都能吃到、吃足母乳。从 7～10 日龄开始补料,保证饲料的全价性和易消化性。

2. 做好保温防压工作

保温要求最初温度不低于 35℃,最好应用保温箱,防止体热不必要的散失,维持血糖不降低，保证机体有较强的抵抗力。

3. 补充矿物质

仔猪最容易缺铁、硒，可以在 3～4 日龄通过注射方式补充。防止缺铁、缺硒造成腹泻。

4. 药物预防

新生仔猪吃初乳前肌内注射庆大霉素 3 万～4 万 U 或在吃到初乳后 24 h 内，每头灌服 8 万 U，对仔猪各类腹泻可起到一定的预防效果。也可灌服硫酸链霉素 10 万 U，或用恩诺沙星内服。

用有益菌制剂如乳酶生等内服，有一定的预防效果。

5. 全血或血清注射

采用亲母的全血或血清，给初生仔猪皮下注射。

6. 加强疫苗免疫

仔猪采用流行性腹泻-传染性胃肠炎二联苗，进行后海穴注射，效果较好。

二、仔猪腹泻的治疗方法

细菌性腹泻时，应通过药敏试验或根据本地感染情况，来选择相应的抗菌药物。仔猪腹泻如果早期进行治疗，治愈率较高，如果治疗太晚，仔猪就会死于脱水和继发感染。

(1)内服　诺佛沙星、磺胺脒片、庆大霉素等，治疗肠炎应该以内服药物为主。如图 5-23 所示。

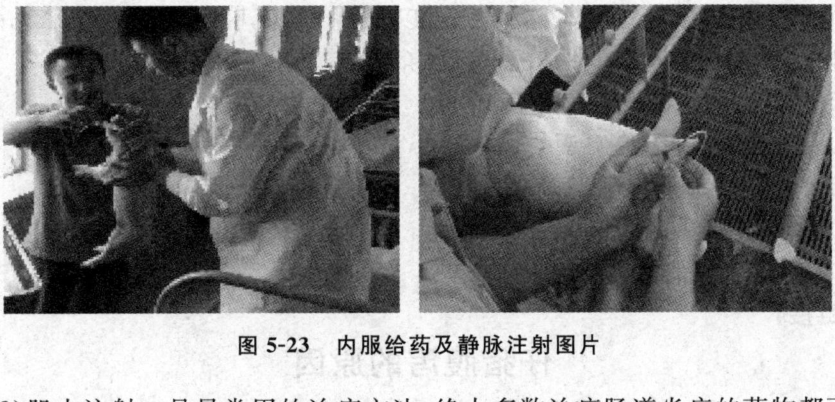

图 5-23　内服给药及静脉注射图片

(2)肌内注射　是最常用的治疗方法，绝大多数治疗肠道炎症的药物都可以肌内注射。如恩诺沙星注射液、肠炎灵注射液、乙酰甲喹注射液等。

(3)静脉注射　强心补液、缓解酸中毒、消除炎症往往用静脉注射方法。脱水时补充复方氯化钠注射液和葡萄糖氯化钠注射液，心衰时，可以用樟脑磺酸钠注射液，伴随酸中毒时，用碳酸氢钠注射液。

(4)腹腔注射　在静脉注射困难、有脱水现象、肠道有炎症时，可以采取腹腔注射方法(图 5-24)。但是要求药液温度与体腔温度适宜，没有刺激性。溶液最好是等渗液。

(5)后海穴注射　注射病毒王、庆大霉素以及大蒜汁液等都有一定疗效。如图 5-24 所示。

(6)外用透皮剂　用“杀痢王”外用溶液制剂进行仔猪颈部背侧涂抹。

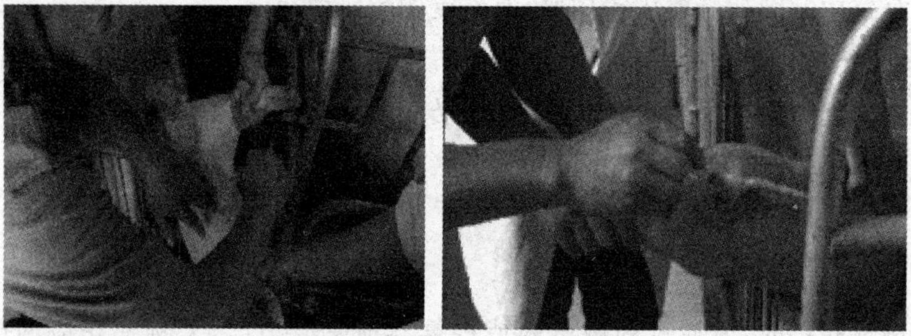

图 5-24　猪不同部位注射图示(左图为腹腔注射，右图为后海穴注射)

病毒感染时，可以用“病毒专家注射液”。球虫感染时，可以用“地克珠利溶液”内服。如果是消化不良引起的腹泻，可以试用“乳酶生”或“多酶片”内服。可以在饲料中加入毒素吸附剂吸附肠道内毒素(如土耳其罗达明)。

如果是环境性因素造成仔猪腹泻，可以改善环境而不必用药治疗。

对极特殊的病例，视具体情况可以放弃治疗：

①传染性强、危害大的病猪不治。

②无法治愈的病猪不治。

③治愈后经济价值不高的病猪不治。

④治疗费用高的病猪不治。

⑤疗程特别长的病猪不治。

【知识链接】

仔猪腹泻的原因

(一)母乳问题引起的仔猪腹泻

(1)火奶　母猪因为各种生理的不适或病理的原因，导致乳中出现不良因子(如母猪子宫炎、乳房炎等)。仔猪吃了带有炎性成分的母乳后，往往引起胃肠消化紊乱，导致腹泻。这样的奶称为“火奶”。在母猪更换环境、更换饲料、患病时，都能产生“火奶”，特别是哺乳母猪患病后，往往引起体温升高，造成生理代谢紊乱，引起乳汁变性，异常因子可以使致病性大肠杆菌等病原微生物乘虚而入，在肠道中大量繁殖，引起肠道黏膜炎症，致使仔猪不能正常消化母乳，出现腹泻。肠道内的毒素被吸收，也可以引起仔猪吮乳后呕吐，空肠分泌大量黏液，造成仔猪脱水。该病以产后1周内的发病最多，严重时死亡率可达70%以上。

(2)奶量不足　生产中，无论是集约化猪场还是农户少量饲养的母猪，泌乳不足经常可见，原因很多，包括疾病因素、管理因素、饲料因素、乳腺自身因素、体况因素等，仔猪吃不饱，抵抗力差，另外由于饥饿误食其他东西充饥，结果导致腹泻。

(二)环境问题引起的仔猪腹泻

(1)环境不洁　病原微生物众多，感染机会大，新生仔猪抵抗能力差，腹泻增加。

(2)温度低　在低温环境下，仔猪体能主要用于御寒，降低抵抗力，导致寒泻。如果直接趴在水泥地面上更易使仔猪腹部受凉，诱发胃肠道蠕动加快以致痉挛，引起腹泻。

(3)湿度大　仔猪生长环境最佳湿度为60%～65%，若防寒、保温措施不利，舍内温度低、湿度大就会引起仔猪腹泻。湿度大时仔猪腹泻发生率可以达到100%。抚顺开发区一农户冬季大棚养仔猪，因为塑料透气性不良，棚内湿度极大，水泥地面遍地是水，所养的160头仔猪全部发生腹泻。经过调整，清除积水，适时放出潮气，铺以干燥垫草，保持棚内干燥，阳光充足，结果腹泻病例逐渐减少，最后降至5%以内。

高温、湿度大时利于球虫、细菌繁殖，增加感染机会。

(4)阴暗无光　阳光充足的猪舍，仔猪发生腹泻的概率就低，而阴暗潮湿时，腹泻发病率就很高。抚顺市瑞丰畜牧有限公司设计的阳光猪舍宽敞明亮，温湿度适宜，母猪乳房炎发病率低，仔猪生长速度快，成活率高达95%，深受欢迎。

(5)贼风　初生期仔猪最怕贼风(图5-25)，如果贼风直接吹到仔猪身体上，那么仔猪一定会受凉降低抵抗力，导致多种疾病发生。

图5-25　保温箱中门冷风吹入使仔猪居于保温箱两端(有腹泻现象)

(三)微生物感染引起的仔猪腹泻

(1)细菌感染　大肠杆菌、沙门氏菌、魏氏梭菌等都能引起仔猪腹泻,如仔猪黄痢、仔猪白痢、仔猪红痢等(图 5-26)。新生仔猪常以大肠杆菌感染为主。

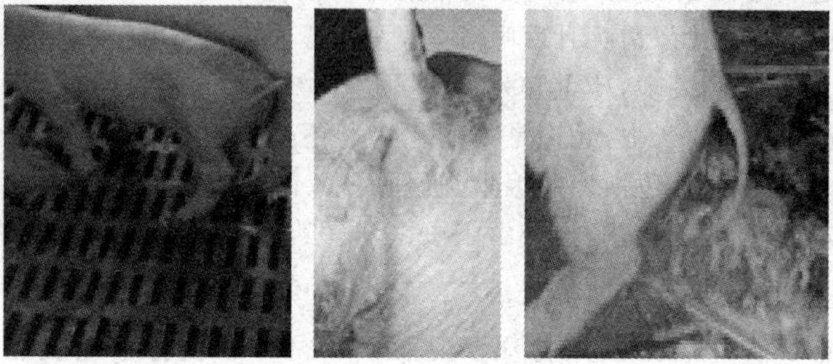

图 5-26　仔猪腹泻图片

①仔猪黄痢:是由致病性大肠杆菌引起的初生仔猪的一种急性、致死性传染病。以 1～3 d 龄最为多见,又叫早发性大肠杆菌病。主要症状以排出黄色稀粪和急性死亡为特征。粪便内含凝乳小片,排粪失禁,脱水消瘦,如果治疗失宜,多衰竭死亡。剖检有肠炎和败血症变化。日龄越小,症状越严重,发展越迅速,死亡率越高。

②仔猪白痢:主要感染 7～30 日龄的仔猪,又称迟发性大肠杆菌病。临床上以排出灰白色、糊状、有腥臭味黏稠稀粪为特征,剖检主要为肠炎变化。

③仔猪红痢:又称魏氏梭菌型肠炎或仔猪传染性坏死性肠炎,多发于 1～3 日龄仔猪,发病急剧,病程短促,排出浅红色或红褐色稀粪,常见稀便中含灰色坏死组织碎片,死亡率高,大多于 1～3 d 内死亡,剖检病变主要为肠黏膜充血、出血、易脱落,肠系膜充血,淋巴结肿胀。

(2)病毒感染　猪轮状病毒、传染性胃肠炎病毒、口蹄疫病毒、伪狂犬病毒等都能引起仔猪腹泻。某猪场春季新生 58 窝仔猪全部腹泻,分别检出类冠状病毒和轮状病毒。

(3)寄生虫感染　以球虫感染居多,其次是蛔虫感染。蛔虫感染一般呈慢性经过,有的便秘和腹泻交替出现。球虫感染相对较重,2～3 周龄仔猪均易感染,临床症状为排出黄褐色、红褐色或灰色糊状粪便,2～3 d 后变成水样稀便,并很快脱水死亡。

(四)消化机能不健全引起的仔猪腹泻

1 月龄以内的仔猪其消化功能还不健全,消化酶活性较低,如果此时从饲料中摄取过量植物蛋白质，能够引起仔猪胃肠功能紊乱而诱发腹泻。

（五）其他原因引起的仔猪腹泻

1. 低血糖性腹泻

低血糖多由低温引起。如果低温时间长，就会导致低血糖，仔猪由不活泼到水样腹泻，严重的由虚弱发展到低温、昏迷或神经症状。有一猪场，电源故障，一夜后8个保温箱内温度急剧下降，其中的仔猪大部分出现腹泻，而同一产舍内供电正常的12窝仔猪，竟然没有一头腹泻。其原因就是环境温度降低—低血糖—腹泻。

2. 缺铁性腹泻

缺铁引起仔猪贫血，抵抗力下降，继而引起仔猪腹泻。

3. 应激反应性腹泻

（1）环境应激　仔猪自身免疫系统、消化系统及其酶系统尚未发育健全，对各种应激因素反应敏感，如食物变化、环境改变、断乳后母子分离，转群，温度、湿度变化，贼风吹向猪体等都成为应激源，产生的应激反应导致采食下降、消化不良性腹泻。

（2）食物性应激　仔猪机体正常时消化道里各种微生物处于平衡状态。诱食植物性饲料后，有一个适应的过程，消化道内微生物区系仍然可以处于相对平衡状态。如果过早完全靠采食饲料为生，并且饲料中植物性蛋白质比例较大，仔猪胃肠不适应，往往出现饲料性应激反应，消化不良，肠道里的致病性大肠杆菌便会大量繁殖并产生毒素，导致腹泻发生。

4. 仔猪供水不足性腹泻

环境温度高时，只靠吃奶不能满足仔猪体内水分的需要。当仔猪采食植物性饲料后，增加了对水的依赖。生产中必须饮入饲料量3～5倍的水才能保证正常的生理代谢，如果此时供水不足，就会导致仔猪误饮粪尿污水，引起细菌感染发生腹泻。

三、任务小结

仔猪腹泻是猪常见病和多发病，如果管理不善，可能导致发病率达到100%，在治疗失宜的情况下，死亡率可以达到60%以上。该病的发病原因很多，包括营养性、环境性、微生物性等。要针对仔猪腹泻发生的原因，做好合理的预防，科学的饲养管理。本节详细分析了仔猪发病的各种原因，重点介绍了仔猪腹泻的预防和治疗方法，为后续工作的开展奠定基础。

任务三 确保仔猪顺利度过补料关

本任务是对仔猪顺利补料，达到健康快长的目的。

【任务提要】

选择合适的料型 → 确定补料方法 → 确定补料次数与补料量 → 合理饮水

【知识链接】

乳猪料应达到的要求

(一)容易消化

仔猪消化能力弱，对食物适应性很差。当饲料中植物性蛋白质比例大时，就容易消化不良。乳猪料要特别容易消化，其中植物性蛋白质含量不能过多。饲料中可以添加1%的酸化剂，如柠檬酸等，可提高胃蛋白酶活性，提高蛋白质消耗率。也可以加入适量的复合酶帮助消化(如多酶片)。使用一定量的优质的膨化大豆粉可以防止豆粕中的某些抑制因子诱发仔猪腹泻。

(二)营养全价

仔猪生长速度很快，1月龄体重可以增加到初生重的5～6倍或更多。抚顺市宏业畜牧有限公司的仔猪28日龄体重达到13.0 kg（当然并非是全部）。连生牧业公司的仔猪70日龄体重一般都在30 kg以上，仔猪旺盛的代谢对营养需要量特别大，必须要提供全价饲料才能满足其快速生长的需要。

(三)来源丰富

饲料采自当地自然资源最佳，切忌过多地依赖外地资源，这样可以适当降低运输费用。

(四)价格合理

乳猪料一般价格比较高，特别是加入乳清粉等成分的价格更高，应该控制在农户能够接受的价格内。

(五)具有保健作用

饲料要柔细适口，具有保健作用。可以在饲料中拌些小苏打粉和肠安康粉(主要成分：白头翁、黄连、黄柏等），这样既可预防猪只的胃肠疾病，又可促进仔猪生长发育。此外，可以在饮水中添加维生素和葡萄糖粉，效果更好。

【方法与步骤】

一般从 7 日龄开始给仔猪诱食新鲜带有乳香味的饲料，每天 6 次以上，一直饲喂到断乳后 1 周(35～42 日龄)，然后用 7 d 的时间逐渐更换到仔猪料。

一、选择合适的料型

常用料型：目前养猪使用的饲料都是向着全价饲料发展的，自配料已经很少见。

1. 使用颗粒料

颗粒料是饲料厂按照合理的配方将若干种饲料原料及合法的添加剂均匀混合后制成的颗粒状饲料，营养全价，使用方便，适口性好，利用率高，保质期长。规模化猪场和绝大部分农户都是采用颗粒饲料给仔猪补饲。

2. 使用糊状料

糊状料是将粉状饲料加 3 倍以上水搅拌成糊状的饲料。这种补饲方式适口性较好，仔猪采食量大，对肠道的机械刺激小，肠绒毛的损坏程度小，易于营养物质的消化、吸收，腹泻发生率低。养猪发达国家丹麦用糊状料做代乳料饲养早期断乳仔猪效果很好。我们采用糊状料饲喂的仔猪断乳后腹泻发生率比喂干料的有所下降。但是糊状料使用不便，容易酸败。

二、确定补料方法

1. 补饲颗粒料

将少量乳猪颗粒料直接洒在仔猪料槽中，将料槽置于仔猪经常活动的位置(图 5-27)，仔猪靠灵敏的嗅觉和好奇心寻食饲料。补饲颗粒料是当代养猪的主要方法，仔猪生长迅速，方便使用，卫生，不易酸败，饲槽不必经常刷洗。但是每次投放的数量要适宜，宁少勿多。

2. 补饲糊状料(流质饲料)

将优质教槽料加水做成糊状，涂抹在母猪乳头上，让仔猪吃奶时吃到饲料，也可以直接抹入仔猪口腔，令其品尝饲料的味道，几次后便对饲料逐渐产生好感。当其对饲料产生采食的欲望时，就可以把料置于料槽中，达到补饲的目的。

补饲糊状料虽然可以减少仔猪断乳后腹泻发生率，但是这种方法会造成猪体不洁，夏季会遭苍蝇侵袭，另外极易酸败，使用不便，需要经常性刷洗饲槽，同时消耗大量的人工，不适合集约化生产场，只适合散户养猪使用。

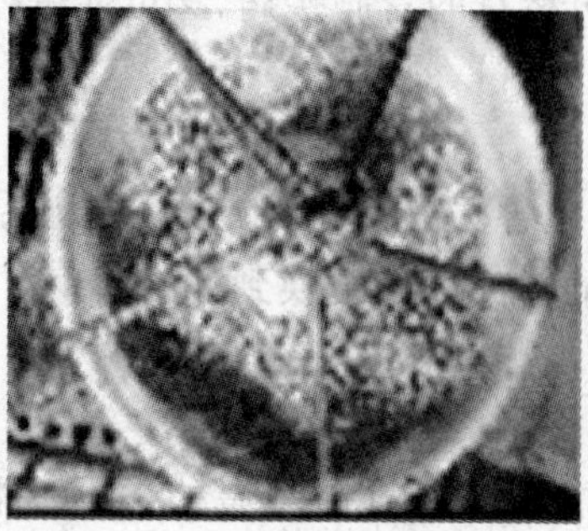

图 5-27 料槽及其放置位置

三、确定补料次数与补料量

1. 确定补料次数

每天饲喂 5～6 次，其中包括喂一顿夜饲，利于促进仔猪发育。或采取自由采食的办法。待仔猪学会采食饲料后，每天可以给料 4 次。饲料要新鲜适口，决不能有霉变。

2. 确定仔猪不同日龄补料量

仔猪饲料采食量在断乳前后不同，断乳前可以吃部分母乳，断乳后完全靠采食饲料，因此在断乳后采食量会有明显提高（表 5-3）。

表 5-3 不同日龄仔猪补料量 g/d

项目	日龄			
	20～30	30～40	40～50	50～60
补料量	100～120	200～250	300～400	600～800

四、合理饮水

一般吃料 1 kg，至少需要饮水 3 kg 以上。天气炎热或活动增加时，饮水量增加。曾观察到，断乳仔猪在分圈后的 1 h 里，对料槽里饲料不理不睬，而是争抢喝水。

（一）选择水源

水源通常有地面水、地下水、公共自来水。地面水污染较大，尽量不用。地下水即井水，一般来说较洁净，污染少。自来水是最提倡的，随时可以取用，同时有一定压力,不但适合饲养用水,也适合简单的冲洗圈舍使用。

(二)选择饮水器具

1. 水槽

水槽材质有石质、金属、塑料、玻璃钢等。有的猪场是采食、饮水共用一个槽,难以保证卫生。

2. 自动饮水器

(1)鸭嘴式 材质有铁、铜、不锈钢等。容易对猪造成伤害,现在很多猪场已经不用。

(2)圆头式 材质有铁、铜、不锈钢等,猪饮水方便,是目前多采用的。见图 5-28。

(3)碗式 材质有金属、塑料等,饮水方便,但是难以保持卫生。

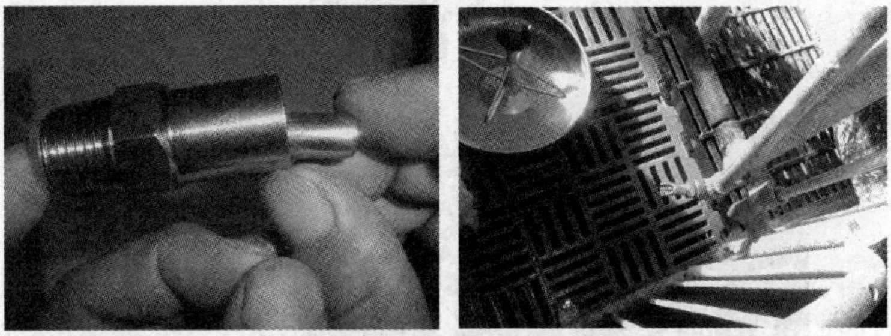

图 5-28 自动饮水器组图

3. 设计水压

如果是用自动饮水器,水的压力有一定要求。鸭嘴式猪用自动饮水器,一般有大小 2 种规格,小型的流量 2～3 L/min,大型的流量 3～4 L/min,规格选取按猪大小而定。目前圆头式饮水器用得较多。母猪每天饮水量要达到 35～50 L,水压可以定在 4 L/min。

4. 高度与角度设计

安装饮水器的角度有水平的和倾斜 2 种,离地高度随猪体高变化而不同,圆头式饮水器一般与猪背线在一个水平线就可以。如果高于猪背线,应该是向下有一定的倾斜角度(图 5-29)。如果饮水器位置过低,猪也不能顺利饮水,还造成水浪费。曾见一个小型猪场饮水器位置过低,一头仔猪饮水 20 多分钟,竟然没有饮足。猪饮水时,水都从口腔流了出来,喝进去很少。

(三)补水方法

一般 3～5 日龄的仔猪就要开始补水。仔猪的饮水器要设置在较低、显眼、仔猪频繁活动的地方,还要人为地引导仔猪接触、辨认饮水器并学会饮水。圆头状饮水器较难辨认，较好的饮水器有水碗和水盘，但应注意保持清洁。

五、任务小结

仔猪补料是补充营养的唯一来源。通过补料，满足猪的营养需要，使其按照人们需要健康生长，提早出栏。本任务重点讲述了仔猪补料技术和注意事项。完成该任务除了掌握补料方法外，对料型的选择也很重要，因为不同的料型对仔猪腹泻发生率具有不同的影响。直接关系到仔猪的健康和生长发育速度。

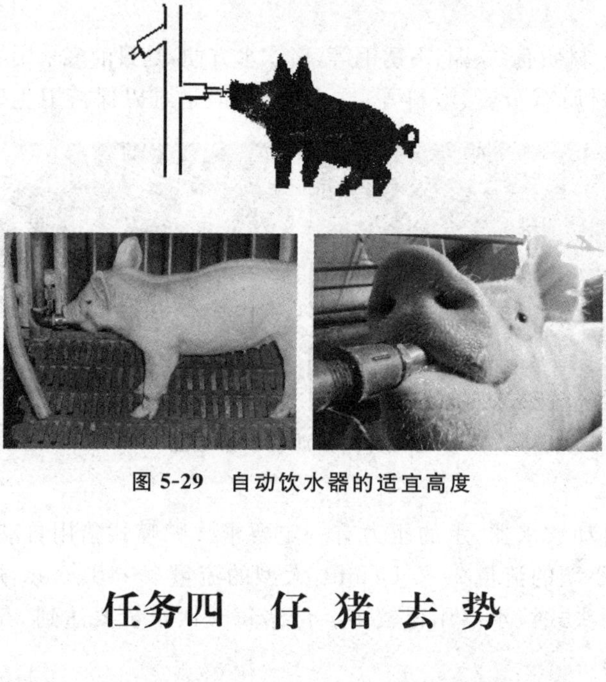

图 5-29　自动饮水器的适宜高度

任务四　仔 猪 去 势

仔猪的性腺随着身体的生长发育不断增大和成熟，在达到生理成熟后就可以排出成熟生殖细胞，出现一系列发情现象，影响采食和生长。适时通过手术方法去掉性腺，就可以使猪“一条龙式”快速生长。

【任务目标】

顺利摘除性腺，减少应激反应，对健康和生长都无影响。

【任务提要】

小公猪去势 → 小母猪去势 → 仔猪去势后的护理

【知识链接】

仔猪为什么需要去势

①公猪性成熟后，性情不安静，往往受到发情母猪诱引不能很好地采食，个别公猪可能对物体进行爬跨自淫。活动量增大，引起不必要的体能消耗，影响生长。

②母猪性成熟后每间隔 17～25 d（平均 21 d）就要发情 1 次，持续期为 3～5 d。母猪在发情时食欲下降，频频走动，迫切求偶，爬跨其他猪，或接受其他猪爬跨，使猪群活动增多，干扰其他猪休息，影响增重，部分发情母猪破坏建筑物。

③不去势的猪肌纤维变粗，乳头变大，公猪性腺发育到一定程度后还能释放特殊异味，影响胴体质量。

【方法与步骤】

一、小公猪去势

（1）用具准备　如图 5-30 所示。

（2）猪的准备　准备去势的猪，应该是健康无病，精神状态活泼好动。争抢采食，大小便正常。小公猪以 10～15 日龄为宜。术前应该禁食 12 h 以上。

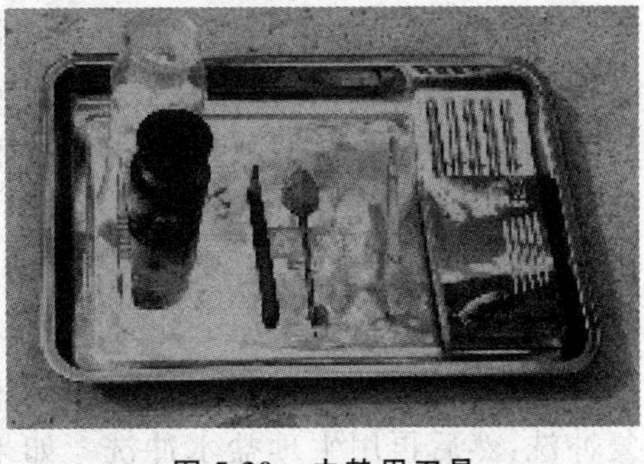

图 5-30　去势用刀具

从圈里抓猪时，最好是双手抱猪。方法是左右手分别抓住仔猪的左右前肢前臂部，猪背部朝向人的胸腹部。或者一只手抓住仔猪两后肢，另一只手转到仔猪胸下，用力抱起仔猪。极特殊情况下，也可以双手倒提两后肢，但是禁止提起一条腿，特别是绝对禁止提起一前肢。

（3）猪体保定　术者右手握住猪的右后肢，左手抓住右侧膝前皱襞，使其左侧横卧保定在地面上，背向术者，头向术者左侧，尾向术者右侧。以左脚踩住颈部侧面和背侧面，右脚踩住尾巴进行保定（如果没有尾巴或尾巴过短，应该助手协助保定）。用左手掌小指侧向前挤压小公猪右后肢使其向前伸直，将阴囊充分暴露，便于施术。

（4）固定睾丸　睾丸局部处理洁净后，用 5% 碘酊将术部消毒。以左手的拇指食指将睾丸固定，中指、无名指、小指等抵住睾丸下方防止其滑脱。

(5)确定切口　切口最好在睾丸中缝附近，与其平行，稍偏下为好。如图 5-31 所示。

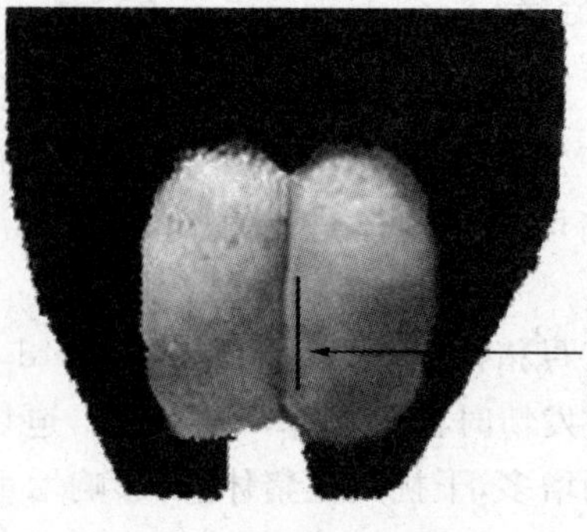

图 5-31　公猪去势时切口位置

(6)切开阴囊　术者右手持刀，于下侧睾丸处与阴囊缝平行切开阴囊壁，直达睾丸固有鞘膜。

(7)挤出睾丸及精索　用左手将睾丸及精索从切口挤出阴囊外，并用右手固定。

(8)断精索　在左手配合下，右手撕断白筋膜，接着用拇指与食指将精索掐断(也可以在捻转精索后用刀上下钝性刮断精索)。

(9)摘除睾丸　在断精索后摘除睾丸。

用左手拇指、中指、食指如上方法固定另一侧睾丸，从先前切口入刀经阴囊纵膈做一切口，挤出另一侧睾丸，再用同样的方法摘除。

(10)消毒　用 5%碘酊消毒切口，不必缝合。

(11)排尿　将仔猪包皮处向外撸，排出包皮内的积液。

(12)倒提仔猪　将仔猪倒提，使精索断端完全缩回。

(13)送回圈内　倒提仔猪两后肢送回圈内。

小公猪去势组图见图 5-32。

突发事件的处理：小公猪去势后，在奔跑时，个别猪肠管顺着阴囊切口涌出，瞬间出来很长一段，拖在地面。此时应采取紧急措施固定小猪，防止继续奔跑，并将仔猪倒提保定。将涌出体外的肠管放入洁净方盘或盆中，用 0.1%高锰酸钾溶液反复冲洗，然后再用生理盐水冲洗。如果肠管出现穿透性刮伤，应立即进行缝合(第 1 层连续缝合，第 2 层内翻缝合)。待浆膜层处理洁净后，外用青霉素粉针剂，最后还纳肠管，结扎腹股沟管，缝合阴囊，局部消毒。注射头孢制剂，安静环境精心饲养，继续用头孢 2～3 d。

新技术介绍(新式公猪去势法)：

适合 2 周龄内的小公猪。用 10%氯化钠注射液加入 1%甲醛溶液，均匀混合后，在猪的每个睾丸中注射 2～3 mL，或注射 5%氯化钙注射液 2 mL，经过一段时间后，睾丸就会自然萎缩。

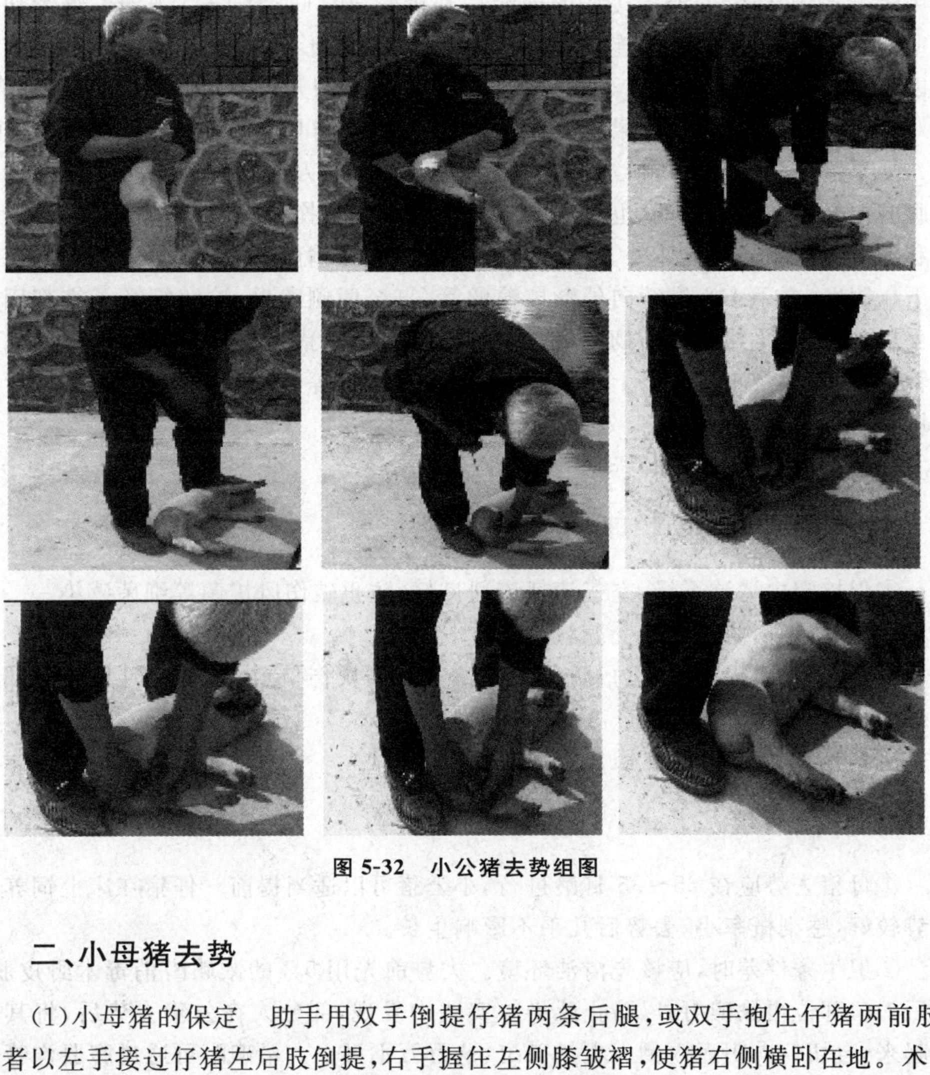

图 5-32 小公猪去势组图

二、小母猪去势

(1)小母猪的保定 助手用双手倒提仔猪两条后腿,或双手抱住仔猪两前肢。术者以左手接过仔猪左后肢倒提,右手握住左侧膝皱褶,使猪右侧横卧在地。术者立即用右脚踩住其颈侧部和颈部背侧,使其头部不能活动。左手将其左后肢向后拉直,与腹线成为一条直线。左脚踩住其左后肢跖部,使其后躯转为半仰卧位。

(2)切口定位 倒数第 2 乳头偏外侧 2 cm 处,同时参照猪的体况、饱食程度确定,"饥前饱后、肥内瘦外"。

(3)去势操作 局部消毒后,左手虎口抵在仔猪背部,拇指以外的四指在仔猪的右侧,中指抵在右侧髋结节部位,拇指按在左列倒数第 2 乳头外侧距离乳头 2~3 cm 处,向对侧髋结节方向用力按压,直至能触及到对侧髋结节。以桃形刀(也可以用笔式去势器)沿着拇指按压的前缘切开皮肤，切口长为1～1.5 cm，继续切开腹壁肌，但最好不要一次性连同腹膜一并切开。以桃形刀柄的尾部，捅漏腹膜，(也可以用笔式去势器的弧形刀刃切开腹膜或自制竹刀切开腹膜)，此时左手拇指用力向对侧髋结节方向按压，如果位置正确，在腹水流出同时，会看到输卵管一并出现。

如果输卵管没有自切口涌出，可以用右手将桃形刀刀柄或笔式去势器的钩柄在腹腔内轻轻做弧形滑动(也可用竹筒去势器)，在猪挣扎嚎叫时，腹压增大，子宫角和卵巢可能顺势挤出体外。用左手拉住挤出来的输卵管、卵巢、子宫等，并使劲向下压腹壁，右手小心继续向外牵拉输卵管，直至两侧卵巢、输卵管及子宫都固定在手里，然后用手使劲撕断韧带(适合5 kg以内的小猪)或用手术刀摘除子宫、输卵管与卵巢(适合10 kg以上的猪)。用手检查肠管等是否完全回到腹腔，最后切口用碘酊消毒。必要时切口处缝合1～2针。

小母猪去势组图见图5-32。

三、仔猪去势后的护理

①保持圈内清洁干燥，空气清新流通良好，防止破伤风梭菌等细菌感染。

②温度适宜，防止仔猪受凉腹泻。

③加强营养，提高免疫力；防止术部污染。加快伤口愈合，必要时每天局部外用碘酊。

④禁止剧烈活动，防止腹压过大。

四、注意事项

①母猪去势应在25～35日龄进行，小公猪可以适当提前。仔猪在床上饲养时去势较好，感染概率小，去势后几乎不影响生长。

②卫生条件差时，应该先清洁环境。去势前先用5%的浓碘酊消毒术野皮肤，术后刀口部位再涂碘酊，以防止感染。实践中发现，部分人在公猪去势后，将其倒提起来，自切口向阴囊内倒入大量碘酊，这万万不可。大量碘酊可通过腹股沟管进入腹腔，引发腹膜炎症。

③健康的仔猪才能去势，患病猪或僵猪最好不去势，疫病流行期或有疫情威胁时也不宜去势。

④去势最好选在阳光明媚的天气进行，阴雨天最好不做。

⑤去势前至少空腹12 h。

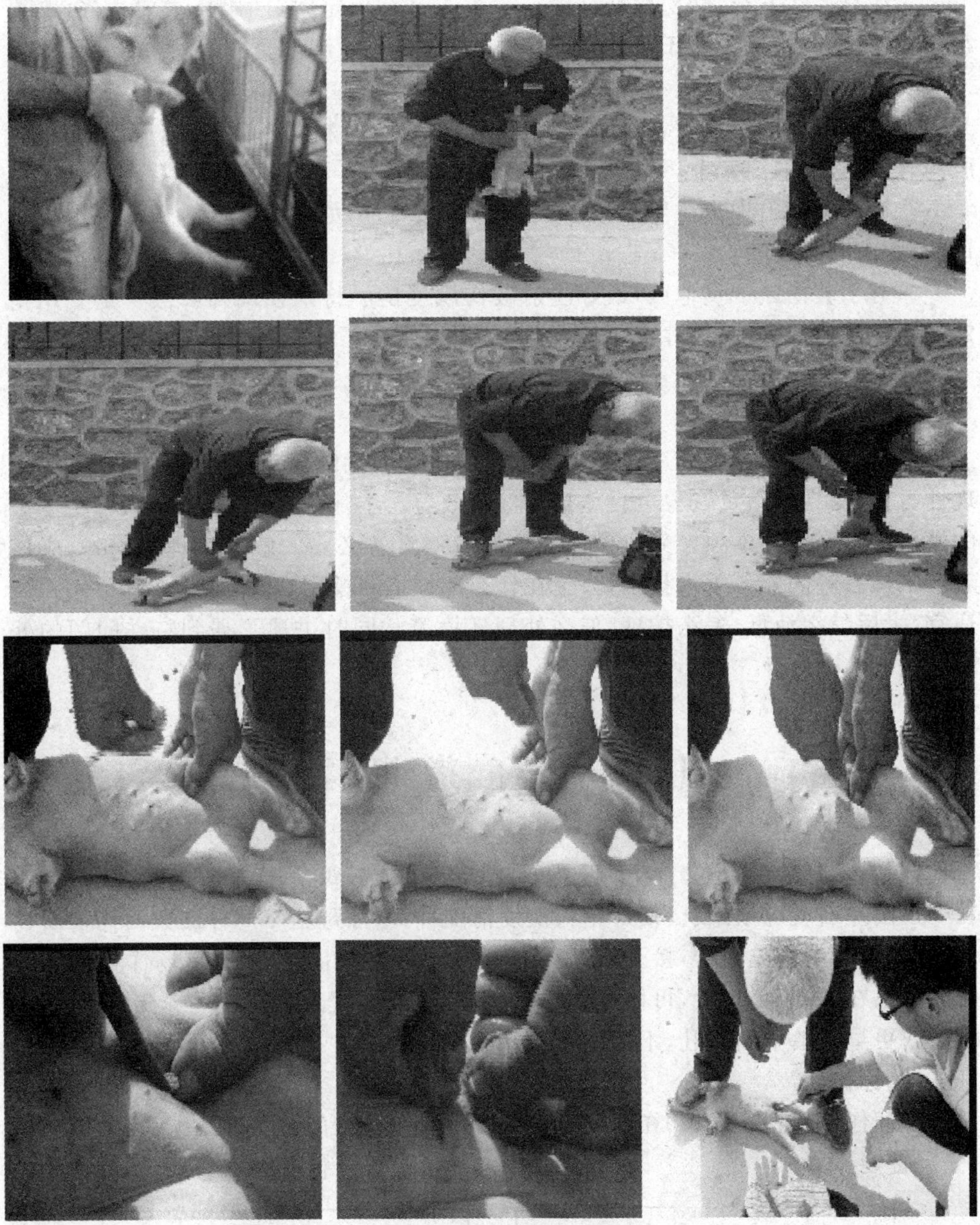

图 5-32 小母猪去势组图

⑥防疫、去势、断乳、驱虫最好不在同日进行。

⑦注意人猪安全，切勿踩伤仔猪。手术人员在保定时，两脚压力要适当，既要牢固地保定仔猪，又不至于把仔猪踩伤。同时，切勿刀伤自己。

⑧手术位置和切口大小适宜。小公猪睾丸切口在睾丸后侧偏下方为宜，但切开不能过大。如果切口大，术后应缝合 1～2 针。小公猪遇到隐睾时，应倒提，在腹股沟管处切开，取出睾丸，结扎、缝合，局部消毒。

⑨初学者多出现定位不准确、指压无力、按不下去的现象。不要盲目扩大切口，否则术后必须缝合。

⑩对于破伤风常发地区，最好注射破伤风疫苗。特别强调稀释液一定要用指定的稀释剂，有的兽医用井水稀释疫苗，必须禁止。

五、任务小结

仔猪去势对商品市场来说是必须的。通过手术摘除公、母猪性腺，使其不再出现性行为，提高日增重，提早出栏，提高经济效益。本任务重点讲述了公、母猪去势的操作流程和注意事项。完成该任务除了应该具备必要的解剖生理知识外，应该着重掌握去势的外科手术技术，公猪在什么部位掐断精索，母猪在什么部位入刀最适宜，术后怎么消毒，怎么护理，怎么处理环境等。同时讲述了遇到特殊问题的处理方法。

任务五　仔 猪 断 乳

仔猪 21 日龄后，母猪产乳量逐渐减少，仔猪依靠母乳已经远不能满足需要。在 1 月龄左右就应该断乳，使母猪再次发情配种，增加母猪年产仔窝数。仔猪断乳后，就应该转入育成猪群，接受新的饲养管理。在我国北方，多数猪场仔猪断乳的时间都是在 28～35 日龄，可使母猪的年产 2.3～2.4 窝。也有一些养猪场采用 21 日龄或更早日龄早期断乳，不提倡 21 日龄前断乳。

【任务目标】

保证仔猪顺利断乳，并在断乳后采食正常，生长发育迅速，健康无病。

【任务提要】

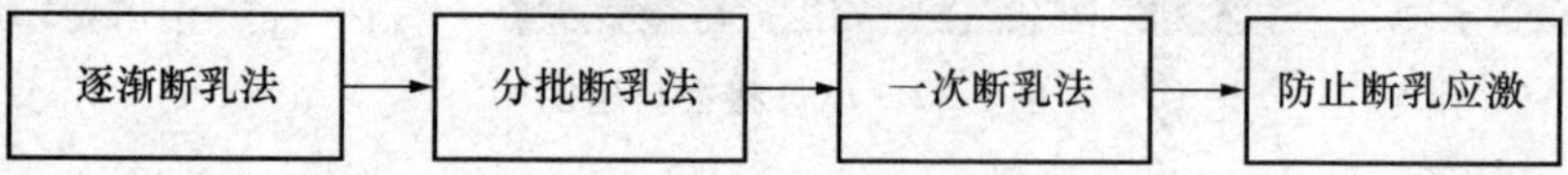

【知识链接】

一、合适的断乳时间

在我国北方，多数猪场仔猪断乳的时间都是在28～35日龄。也有一些养猪场采用21日龄或更早日龄早期断乳。其中21日龄断乳称为早期断乳。仔猪出生1周后自身免疫系统才开始启动，到3周龄时才正式建立自身免疫系统，开始大量产生免疫IgG。据此，仔猪断乳时间最好在3周龄以后。有些国家规定仔猪在21日龄前不许断乳是有一定的科学依据的。

仔猪理想的断乳日龄应根据猪场的管理水平和设施条件来决定。有些猪场盲目追求母猪的年产窝数，或因产床少、其他母猪待产而将仔猪早断乳，结果影响了仔猪生长发育。应该知道养猪的生产成绩是群体成绩，即猪的数量和窝重。仔猪断乳日龄偏大时，可使仔猪断乳后生长发育加快，抗病力增强，出栏提前。如果提前断乳，仔猪体不强健，长势迟缓，患病多、出栏晚，最终效益不理想。采用28～35日龄断乳，可使母猪的年产保持在2.3～2.4窝。在北方地区较受百姓欢迎。

二、理想的断乳条件

作为一个猪场，仔猪什么时间断乳，决不能根据日龄判断，养殖者必须要掌握以下关键要点。

①看仔猪是否都能很好地采食饲料。如果离开母乳后，仔猪都能靠吃料就可以健康生长才能考虑断乳。

②看仔猪体重是否达到8 kg以上(最低也不能低于6 kg)。8 kg以上的仔猪活动能力、适应能力、抗病能力都较强，生长速度也较快，一般场如果产床够用，应该提倡在8 kg以上断乳。

③看仔猪是否体质健康。如果体质较差，应该适当延长哺乳时间。

④防止断乳应激。断乳越早，体重越小，应激反应越大。仔猪早期断乳1周之后，消化道里的胰脂肪酶、胰蛋白酶、胃蛋白分解酶活性显著降低，降到断乳前水平的1/3，使仔猪消化功能降低，消化不良而导致腹泻。

【方法与步骤】

仔猪断乳分为逐渐断乳法、分批断乳法和一次断乳法3种方法。要根据实际情况具体选择。

一、逐渐断乳法

当即将断乳的仔猪大小不均、母猪又不急于下床时，可以采用此法。具体做法是在仔猪预期断乳前 4 d 左右，把母猪与仔猪暂时分开，让仔猪定时吮乳，逐渐减少哺乳次数，到预定日期完全停止哺乳。或者在预计断乳前 4 d 左右(一般是 4～5 周龄时)，白天将母仔分开，夜间再让母仔相聚，经 4 d 后母仔彻底分开。这种方法逐渐提高仔猪独立生活、采食饲料的能力，减少断乳腹泻的问题。缺点是费工费时。

二、分批断乳法

在中小规模养猪场，如果饲养条件一般，仔猪长势不太均衡，建议采用分批断乳法。

根据仔猪采食量，体重大小和体质强弱分成 2～3 批断乳。首先把发育好、食欲强、体格大的仔猪先断乳，隔 2～3 d 再调走体重、采食中等的，而那些发育差、食量小、体重轻、体质弱的仔猪适当延长哺乳期。这种方法的优点是保证仔猪断乳体重比较均衡，后期生长发育正常，不至于因断乳体重差异大、体质强弱差异大引起强夺弱食导致僵猪出现，缺点是断乳时间拖得较长，费工费力，不易管理。

三、一次断乳法

仔猪生长到一定日龄，一次性全部断乳，母仔永远隔开。这种断乳法又称果断断乳法。

(1)去母留仔　把母猪调到其他圈舍，仔猪仍保留在原来的圈中用原来饲料饲养一段时间。这种方法可以减少仔猪断乳应激。

(2)去仔留母　把仔猪全部调走，母猪留在圈中。去仔留母的断乳方法是在仔猪断乳日龄较大时(一般 5～6 周)采用。仔猪日龄较大，适应性较强，不至于因环境改变引起不适。

四、防止断乳应激

仔猪断乳应激可降低免疫力，使仔猪抗病力减弱，最容易发生的是腹泻，多发于断乳后 4～10 d。仔猪腹泻同时出现肠道、脸部等部位水肿，故称水肿病。其原发性因素主要是由于断乳应激造成肠道损伤，导致食糜以腹泻形式排出。研究表明，仔猪的饲料与断乳后腹泻存在着因果关系，水肿病与仔猪消化不良、腹泻有关。因此，配制适合仔猪生理特点的容易消化的饲料非常重要。

断乳仔猪应该在原来的环境中继续饲养 1 周，但是目前集约化猪场多半是断乳即换圈，母仔全撤离，然后对原圈进行彻底冲刷消毒。

断乳注意事项：

①转群抓猪时必须注意科学方法，生产中最忌讳抓猪耳或仅抓猪的一前肢。

②仔猪断乳时，如果是冬季，所居的环境温度应该提高 1～3℃。

③仔猪饲养中应维持原来饲料，持续 1 周后再更换饲料。

【项目小结】

仔猪是猪场发展的未来，哺乳仔猪的饲养是最繁琐的工作，仔猪养育良好就会使后续工作进行得顺利，育成猪及肥育猪的生长发育都会迅速。疾病减少、效益提高。本项目重点叙述了完成初生期的饲养管理、如何度过腹泻关、怎样去势、如何补料、怎样断乳的具体措施及注意事项等。

【知识拓展】

仔猪生长发育是全世界都在关注的话题，而影响仔猪生长的最主要因素是母乳、饲料、环境、健康。目前，我国对仔猪饲养与先进国家相比还很落后。全球最好的猪场每头母猪每年产 32 头小猪；美国平均产 24.3 头；中国最好猪场产 23 头，平均 16 头。由此可见，我国养猪业与国际先进水平有着巨大的差距(引自“第二届国际母仔猪营养与饲养管理高峰论坛”)。一般情况下，28 日龄断乳仔猪体重可以达到 8 kg 左右，能不能在 28 日龄断乳时体重达到 10 kg，都在探讨。事实证明，增加采食量有助于提高增重速度。但怎样增加采食量，乳猪料怎样配制才是最合理的，是添加生物制剂还是添加脂肪酸，是添加植物精油还是添加乳化剂，是添加纤维素还是添加乳制品，是添加抗蛋白分解酶还是添加天然植物提取物，如何使仔猪不发生腹泻？这些都需要进一步研究探讨。

【能力拓展训练】

1. 一养殖户，新建猪场，母猪即将分娩，怎样制定仔猪保温方案？

2. 一农户，购买一头待产母猪，地面平养，怎样防止仔猪被压？

3. 某猪场有一批仔猪，生长缓慢，身体瘦弱，眼结膜苍白，被毛逆立无光，经常有腹泻现象，请你分析其原因。

4. 北方一新建猪场，产房房舍高度为 3.5 m，宽 20 m，3 列式。舍内水平中心处 1.8 m 高度温度计显示温度为 16℃，无底保温箱设在缝隙产床上，灯泡取暖，没有电热板，保温箱内仔猪上方 30 cm 处温度为 33℃。母猪乳房发育很好，泌乳量充足，仔猪都在生后 2 h 内吃到了初乳，其他环境条件都不错。场里实行一人一岗位制度，按照严格的操作规程去做，防疫也特别好。但是发现，仔猪生长缓慢，部分仔猪出现腹泻，血检没有发现任何传染病迹象，请你分析环境方面是否有不完善之处。

5. 一母猪难产，产程 25 h，最后一头仔猪放在保温箱内 1 h 后，所有仔猪被毛由湿变干，活动明显，食欲很强。将保温箱内全部仔猪拿出来统一哺乳。母猪乳量充足，仔猪的各方面环境条件都很好，母猪常发疾病检测都是阴性。仔猪初生重都在1.6 kg以上，健康活泼。生后4 d常规补铁。但是生后生长缓慢。检查不出有什么病，请你帮助分析其原因。

6. 一个猪场，想在仔猪阶段杜绝腹泻现象。请你设计预防仔猪腹泻的合理方案。

7. 某猪场，一圈舍各类猪循环利用。可以饲养仔猪（体高为20～30 cm）、育成猪（体高为40～50 cm）、大猪（体高为60～70 cm），请问，怎么安装圆头式饮水器比较合理？

8. 一猪场，因为待产母猪多而产床少，仔猪要求在20日龄就要断乳下床，进入水泥大圈饲养。该品种猪生长发育较快，5月龄体重可达90 kg，母猪初情期在5～6月龄。请你制订仔猪去势实施方案。

9. 一猪场，由于饲养管理失宜，母猪乳房大小不均，28日龄时，仔猪体重5～10 kg不等，请你设计断乳方案。

【复习思考题】

1. 怎样根据新生仔猪生理特点指导生产？
2. 怎样做到早吃初乳？
3. 怎样寄养仔猪？
4. 按什么顺序固定乳头？
5. 怎样给仔猪去齿？
6. 怎样给仔猪断尾？
7. 仔猪保温箱有哪些种？
8. 怎样设置热源？各种热源有什么优缺点？
9. 怎样防止仔猪贫血？
10. 怎样给仔猪补铁？
11. 仔猪补料的质量要求有哪些？
12. 怎样合理饮水？
13. 小公猪去势的操作步骤有哪些？
14. 什么情况下，仔猪可以暂不去势？
15. 遇到单睾时，是不是只摘除一个睾丸即可？
16. 仔猪去势的注意事项有哪些？
17. 怎样进行分批断乳？
18. 怎样进行逐渐断乳？
19. 怎样进行一次性断乳？
20. 仔猪断乳注意事项有哪些？

项目六　育成猪饲养管理

【项目介绍】

本部分内容介绍断乳后育成阶段仔猪的培育工作。育成阶段仔猪离开产床舒适的环境、转到陌生的新环境，完全独立生活。我们要针对这些特点采取适宜的饲养和科学的管理，确保健康，发挥其最大的生长潜力，达到最大的增重。

【项目载体】

教材、参考书、PPT、视频、模拟仿真软件、实训场。

【项目分解】

工作任务	完成任务的技能
科学饲养育成猪	会调制育成猪饲料，能合理饲喂
科学管理育成猪	能掌握气象指标，提供舒适环境
育成猪保健及疾病防控	能做好育成猪疾病防控工作，确保育成猪健康生长

任务一　科学饲养育成猪

【任务目标】

本部分内容介绍育成猪的饲养操作流程。此期育成猪开始独立生活，完全靠采食饲料维持生命和生产储备，我们要通过全价饲料和科学饲养，充分满足其营养需要，促进其快速生长。

【任务提要】

合理调制饲料 → 合理饲喂 → 合理供水

【方法与步骤】

一、合理调制饲料

①将饲料原料去杂、合理粉碎，颗粒直径在 0.5～0.8 mm。

②根据猪喜欢吃带有甜味和乳香味饲料的特点，向饲料中加入甜味剂或香味剂，以提高饲料的适口性，增加采食量，提高生长速度。

③配制混合料时，机械搅拌以横卧式机具为好，人工搅拌至少在 3 次以上，并且先把微量添加剂与少量饲料混合，再与稍多量饲料混合，再与更多量饲料混合，最后再与全部饲料均匀混合。严防混合不均。

二、合理饲喂

（一）逐渐变换饲料

仔猪在刚断乳时要继续应用原来饲料，维持几天后再逐渐更换成育成猪料，切忌突然换料。为了减少因饲料变化造成仔猪应激，在仔猪断乳后第 1 周继续饲喂乳猪料；第 2 周开始按照 4∶1、3∶1、2∶1、1∶1、1∶2、1∶3、1∶4 的比例逐渐更换新料，到第 3 周完全转变为育成猪料。对于僵猪和病弱猪可适当延长饲喂乳猪料的时间。

（二）合理选择料形

料形包括干粉料、颗粒料、湿拌料、粥料 4 种。

①干粉料：可以是自己完全配制，也可以是购买的浓缩料再加入能量饲料而成。不加水，应用方便，可减少霉变概率。但是相对来说猪采食不便。

②颗粒料：一般都是饲料厂按合理配方加工而成，口味好，营养全面，应用方便，不易霉变。猪对颗粒料的亲和力最强。

③湿拌料：是按料水比 1∶1 混合而成。猪对湿拌料亲和力仅次于颗粒料，在干粉料与湿拌料之间猪喜欢采食湿拌料。从生长速度来看，采食湿拌料要比干粉料和粥料好得多。但是相对来说费工，夏季容易酸败，在食槽的边缘角落所剩的残料必须及时清扫干净。

④粥料：粥料是料水比例在 1∶3 以上的流体料形，极容易酸败，猪对这种料形亲和力较差，并且应用不便，猪的生长速度会受到严重影响，属于传统的养猪方法。

除了个别时候对母猪、开食仔猪使用外，育成猪、种猪、育肥猪都不应该采用。

（三）科学选择料槽

1. 料槽类型

料槽包括长条形料槽、碗式料槽、自动料槽和墙外填料式料槽。

①长条形料槽：料槽呈长条形（图 6-1）。有金属、木制、水泥制品。条形料槽适合于定时供料的生产方式。

图 6-1 条形料槽

②碗式料槽：梯形，上口和下底都是方形。有金属制品、水泥制品等，农村有的散户用破缸改制而成。主要适合于农户饲养量很少时使用（图 6-2）。

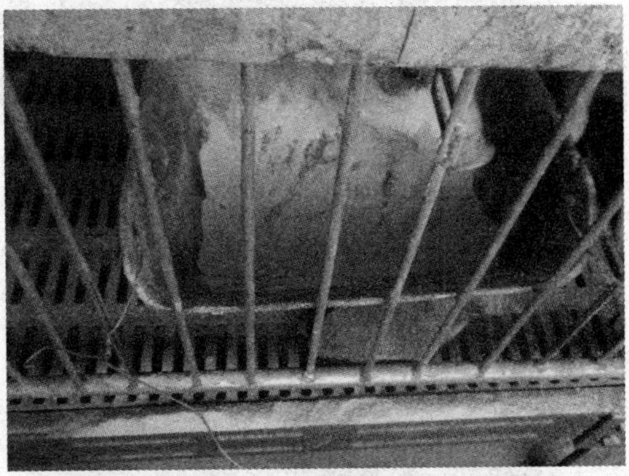

图 6-2 碗式料槽

③自动料槽：有金属制品，水泥制品。上面是不同形状的漏斗，下面是触及式漏料口。对不同规模的猪场都适合。主要适合育成猪、育肥猪及哺乳期母猪自由采食时，有利于达到最大的生长速度和最高泌乳量。如图 6-3 所示。

④墙外填料式料槽：这种食槽是填料口设置在圈舍隔墙外，填料后饲料自动流入墙内的食槽内，干湿料均可（图 6-4）。适合小型圈舍饲养量不是很大时使用。

各类料槽评价：有些料槽样式不够美观，不够先进，不方便刷洗，但是耐用；有些料槽美观、先进、容易刷洗，但是不耐用，特别是金属漏斗状料槽，在下方不够坚固时，需要设置特殊的防护装置，否则特别容易被猪拱坏。

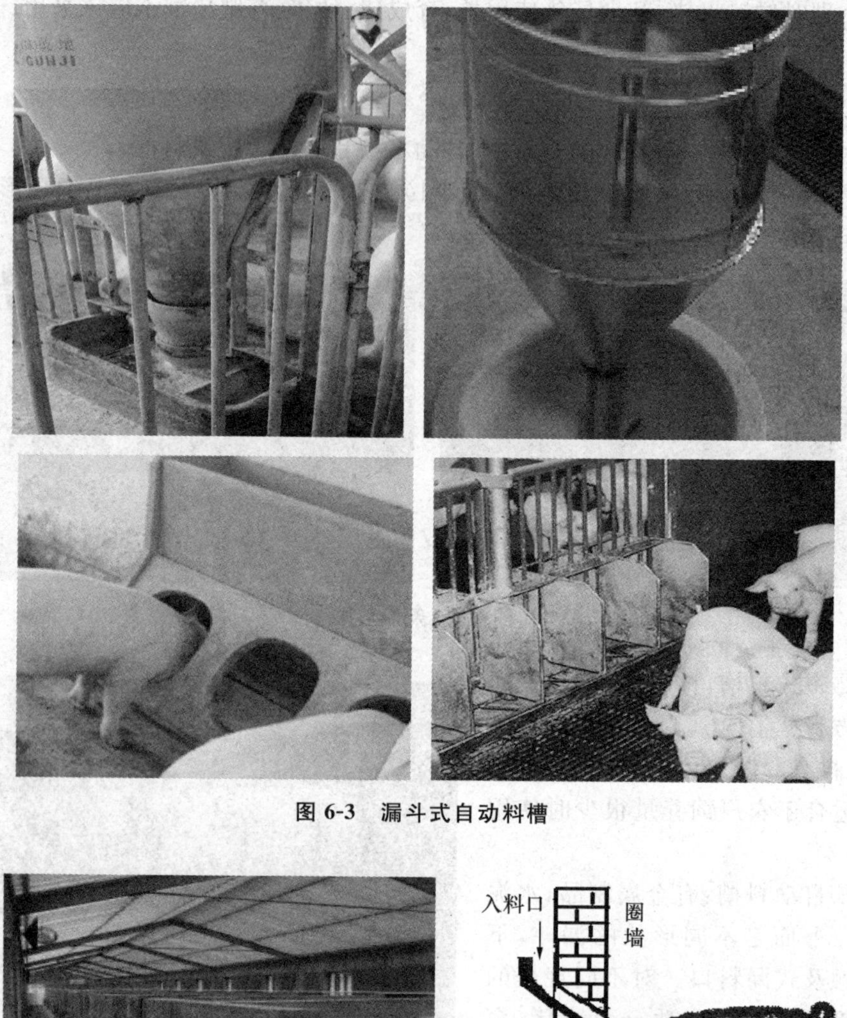

图 6-3 漏斗式自动料槽

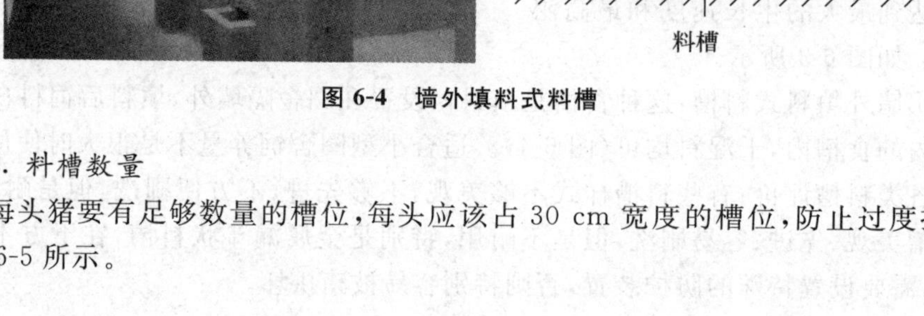

图 6-4 墙外填料式料槽

2. 料槽数量

每头猪要有足够数量的槽位，每头应该占 30 cm 宽度的槽位，防止过度拥挤，如图 6-5 所示。

3. 注意事项

①有些猪场不设料槽，把饲料直接洒向地面供猪采食，这种方法实不可取。

②国外养猪按猪大小调整料槽的高低，值得借鉴。

③在夏季适时刷洗料槽很必要，特别是饲喂湿拌料或粥料时。

图 6-5 槽位不足的猪群

（图片来自鄂禄祥培训课件）

（四）确定饲喂量

进入育成舍的第1周内，对仔猪要进行控料限制饲喂，只吃到八九成饱，这样既可增强消化能力，又能保持旺盛的食欲，并能有效地预防水肿病和腹泻性疾病的发生。每次饲喂后要进行检查，了解饲料量是有剩余还是欠缺过多，以便及时调整。对育成仔猪要求提供优质的、容易消化的全价饲料。1周以后，采用自动料槽自由采食，而不是在槽中一次性添加很多饲料。如果在槽中一次性添加饲料过多，则槽底剩料猪都厌食。不同日龄猪对饲料需求量见表6-1。

表 6-1 不同日龄猪对饲料需求量 g/d

项目	日龄			
	20～30	30～40	40～50	50～60
饲料需求	100～120	150～250	300～400	600～800

三、合理供水

1. 确定供水质量和用量

水中细菌数不大于30万/mL，酸碱度pH 6～8为好，其他指标都应符合饮用水要求。料水比例1∶3～1∶5，即吃1 kg饲料要饮水3～5 kg。此外应考虑其他用水量，如冲刷圈舍用水量很大。

2. 确定饮水设备

饮水设备有自动饮水器和人工给水的简易饮水器。

自动饮水器常见有鸭嘴式饮水器、圆头式饮水器和碗式饮水器：前两者一般10头猪1个（每栏至少2个），碗式饮水器可以15头猪1个。保育舍内饮水器高度，有2个，为35～50 cm。下面的水嘴可以水平安置，上面的水嘴可以适度向下倾斜。鸭嘴式饮水器、圆头式饮水器材质以不锈钢和铜为佳,使用寿命长。这种饮水器比较卫生,但是目前应用圆头式较多,而鸭嘴式应用较少,因其特别容易对猪造成伤害。碗式饮水器饮水方便,水浪费少,相对来说猪喜欢这样的饮水器,但是难以保证卫生。

在自动料槽下方并列设置料槽和水槽,猪饮水最方便,但最难保证卫生,特别是发酵床养猪的猪舍内不适合这种饮水器。

人工给水的简易饮水器具多用金属槽,个别农户用汽车外胎改制,水量较充足,猪饮水时间短,但是难以保持卫生,夏季容易变臭,还不利于保持环境干燥。在环境温度较高时,猪为了降温常进入水槽中浸泡,下次给猪饮水时必须经过刷洗才能使用。这种饮水器常常不能使猪时时都能饮到水。

3. 常备饮水

育成猪需水量比仔猪大得多,应该时刻都能饮到清洁的水。在每天全部时间里,饮水次数要比采食次数多。建议用圆头自动饮水器。

任务二 科学管理育成猪

【任务目标】

本部分内容介绍育成猪的科学管理操作流程。此期开始育成猪进入独立生活阶段,要适应各类应激、抵御各类不良因素的侵袭。通过科学管理,提供舒适环境,达到快速生长目的。

【任务提要】

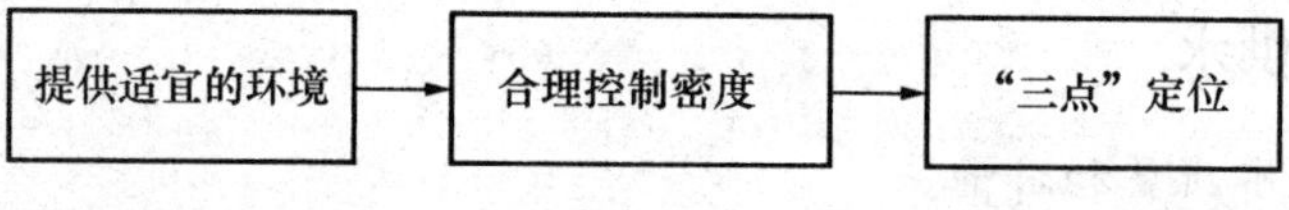

【方法与步骤】

一、提供适宜的环境

1. 提供合适的环境温度

北方冬季,断乳后进入育成阶段的仔猪最初几天应将环境温度提高 1～3℃,在这样的环境中,猪的生理代谢才能正常。否则其抵抗力会严重下降,甚至继发某些疾病。不同月龄猪合适的环境温度见表 6-2。

如果是电热供暖,可以增加供暖时间或提高供热温度。如果是土法供暖,可以采用火炕(地炕)、火墙、暖气等供暖(图 6-6)。抚顺市瑞丰饲料厂研究的阳光温室猪舍(图 6-7)可有效提高舍内温度,经实际验证,效果良好。而没有任何取暖设施的潮湿水泥地面令猪不得安身(图 6-8)。

表 6-2　不同月龄猪合适的环境温度　　℃

年龄	猪需要的最佳温度
4～5 周龄	30～28
6～8 周龄	28～25
9～12 周龄	25～22

图 6-6　火炕、火墙取暖

图 6-7　阳光温室猪舍

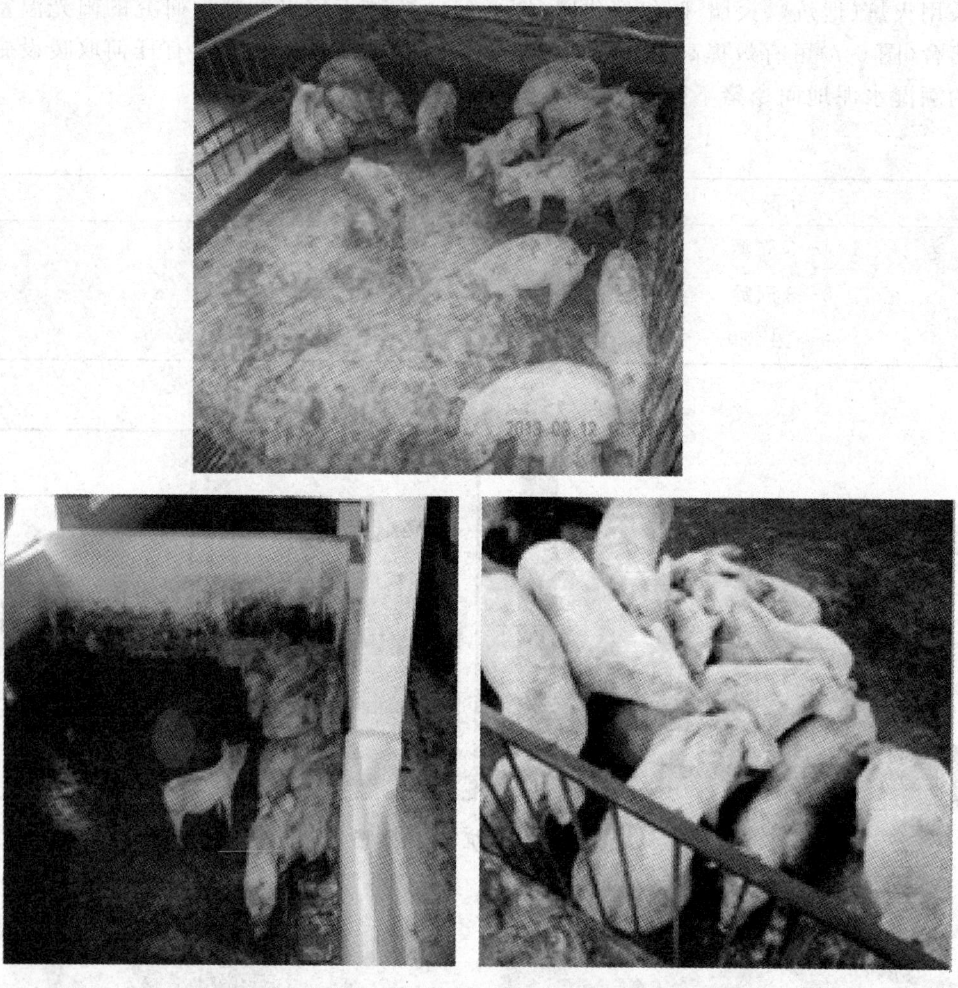

图 6-8　育成猪在肮脏、阴暗、潮湿的水泥地面不得安身

2. 控制舍内合适的湿度

猪舍相对湿度控制在 60%～65%。

3. 控制舍内空气环境

加强通风换气，为猪只提供清新舒适的环境。屋顶设置天窗或自动排风扇，猪舍的两端设置电动风机（正压还是负压按需要而定），风机大小和数量按饲养量和换气量决定。夏季可加大通风量有利于防暑，冬季要考虑通风换气可致舍温降低过多。同时注意，不管什么时候，气流都不要直接吹到床面猪体上，更不能有贼风。

二、合理控制密度

根据不同品种、不同性别、不同性情、不同生理时期、不同体重等进行合理组群，并注意看护，减少育成猪争斗现象的发生。当重新合群时，至少要看护 2 d 以上，防止咬伤。在兼顾圈舍面积的情况下，应该尽量减小密度，防止密度大造成的应激。一般每头育成猪占地面积 0.5 m^2。密度大时，影响采食和休息，同时腹泻及呼吸道病增多。

三、"三点"定位

加强调教，使猪群吃、拉、睡三点定位，保持圈舍清洁卫生。

任务三　育成猪保健及疾病防控

【任务目标】

本任务目标是加强管理，防止发病，保证健康快长。

【任务提要】

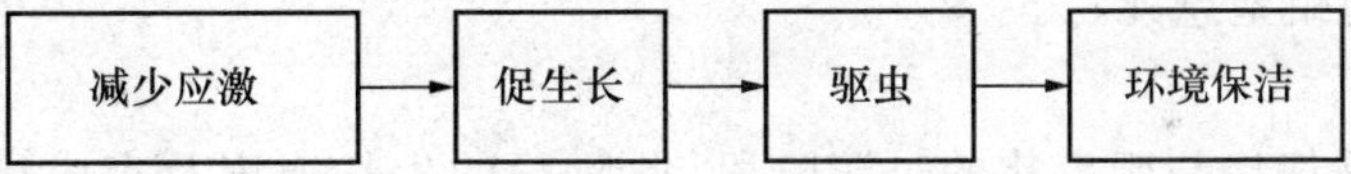

【方法与步骤】

一、减少应激

做到环境清净、肃静，杜绝外来人员进入舍内，杜绝其他动物进入猪舍。

二、促生长

在饲料中有计划地添加促长剂或抗菌药物，有效地促进育成猪正常生长。按照猪的需要提供必需氨基酸、多种维生素(维生素 A、维生素 D_3、维生素 E 等)、多种矿物质(硫酸铜、硫酸亚铁、亚硒酸钠、硫酸锰、硫酸锌、石粉、磷酸氢钙、食盐等)及助消化成分等。做到没有停药期和配伍禁忌。如果选购含有药物饲料添加剂的合成预混料，一定是符合饲料卫生标准的具有农业部生产许可证号和产品批准文号的。

三、驱虫

在育成猪阶段，驱除体内寄生虫。首选伊维菌素进行注射驱虫，伊维菌素是大环内酯类驱虫剂对体内外寄生虫(主要是体内线虫和节肢动物)具有良好的驱杀作用。高效低毒。使用方法:皮下注射，一次量每千克体重 0.3 mg。

也可以用阿苯达唑伊维菌素粉拌料驱虫。用于驱除或杀灭线虫、吸虫、绦虫、螨等体内外寄生虫。使用方法是每 100 g 药品拌料 100 kg。饲喂 1～2 d 即可达到有效的驱虫效果。

四、环境保洁

(1)绿化　场区在不影响采光情况下栽种高大阔叶树，道路以外的区域种植草坪。

(2)增加紫外线照射　在消毒室及猪舍入口处，安装紫外线灯，选择 C 波段灭菌紫外线灯(波长范围为 200～275 nm)。猪舍建筑时，应该考虑采光问题，可以设计半钟楼式房舍，必要时屋顶设置采光瓦。

(3)粪尿垃圾处理　将粪便及垃圾堆积发酵，利用生物热起到有效的消毒、杀灭寄生虫卵的目的。如果是夏季，应将从舍内新移出的粪便堆积后用塑料密封 7～10 d，使蝇蛆窒息死亡。

【项目小结】

育成猪是仔猪与肥育猪的过渡阶段，此阶段的生长速度及育成猪的体质直接关系到肥育阶段的效果，抓好这一阶段的饲养管理，给后续工作奠定了坚实的基础。本项目重点讲述了完成育成期的提高舍温、饲料过度、控制密度、保健饲养、防控疾病等流程的具体措施及注意事项等内容。

【知识拓展】

育成猪生长发育与后期肥育阶段的生长速度有直接关系，如何得到最大的生长速度是全世界都在关注的话题。断乳后进入育成阶段，生活环境发生了较大变化，对环境要求较高，同时，对植物性饲料的消化率大大降低。各地都在研究如何最大限度地减少断乳应激。彻底遏制仔猪精神状态不佳、呼吸不畅、腹泻、食欲不旺或拒食、生长发育不良或停滞(甚至负增长现象)，防止僵猪产生。主要做法是在保育猪群的生产管理中，除供给合理的配方饲料，提供适温，做好通风、清洁卫生等必需工作外，还应在其饲料里添加适当的抗应激综合征的药物。但是添加什么最好，值得进一步探讨。

【复习思考题】

一、选择题

1. 进入育成舍的第1周内，对仔猪要进行控料限制饲喂，只吃到(   )成饱，能有效地预防水肿病和腹泻性疾病的发生。

A. 10　　B. 9　　C. 8　　D. 6

2. 在兼顾圈舍面积的情况下，应该尽量减小密度，防止密度大造成的应激。一般每头育成猪占地面(   )m^2。

A. 0.5　　B. 2　　C. 3.5　　D. 5

3. 北方冬季育成舍的室温一般控制在30～26℃，相对湿度控制在(   )。

A. 30%～35%　　B. 60%～65%　　C. 70%～75%　　D. 90%～95%

4. 首选(   )进行驱虫，这是大环内酯类驱虫剂，对体内外寄生虫都有杀灭作用。

A. 青霉素　　B. 链霉素　　C. 红霉素　　D. 伊维菌素

5. 选择C波段(UV-C)灭菌紫外线灯，其波长范围为(   )nm。

A. 200～275　　B. 275～300　　C. 300～320　　D. 以上全不是

二、简答题

1. 育成猪的保健方法是什么？

2. 怎样逐渐更换饲料？

3. 怎样保持舍内空气清新？

三、论述题

怎样根据育成猪生理特点指导生产？

四、拓展题

某猪场，由于哺乳仔猪阶段饲养失宜，在同期断乳的10窝仔猪中，出现体重大小不均现象，体重大的达到12.5 kg，小的仅6 kg。出现采食、体质、性情等严重分别，请你设计该育成猪群饲养管理方案。

项目七　育肥猪饲养管理

【项目解析】

本部分内容是介绍育肥猪阶段的饲养管理工作，这是商品猪生产的最后一个阶段，在实际生产中占有很重要的地位，根据实际情况提高饲料利用率、屠宰率和瘦肉率，达到最大生长速度。

【项目载体】

PPT、视频、模拟仿真软件、实训场。

【项目分解】

工作任务	完成任务的技能
科学饲养育肥猪	会调制饲料，能合理饲喂
科学管理育肥猪	能控制圈舍气象指标，提供舒适环境

任务一　科学饲养育肥猪

【任务目标】

本部分介绍的内容主要是育肥猪的饲养，本阶段的任务目标就是根据不同阶段生长发育规律，提供不同的营养水平，进行科学饲喂，获得最大的经济效益。

【任务提要】

育肥猪的合理饲喂 → 采取科学育肥方法 → 提供充足清洁饮水

【方法与步骤】

一、育肥猪的合理饲喂

1. 饲喂方法

育肥猪的饲喂方法有 2 种，即自由采食和限量采食。前者日增重较高，胴体背膘较厚；而后者饲料利用率较高，胴体背膘较薄。在肉猪生产实践中，要兼顾增重、饲料利用率和胴体瘦肉率 3 个因素，应当在育肥猪体重达到 60 kg 以前采取自由采食或不限量按顿采食，体重达到 60 kg 以后，应该采取限量采食或者每顿适当控制饲喂量的方法。

2. 日喂次数

(1)小猪阶段(20～35 kg)　该阶段猪的肠胃容积小，消化能力差，而相对饲料需要量多，适合每天喂 3～4 次，饲料主要以蛋白质饲料和能量饲料等精饲料为主。

(2)中猪阶段(35～60 kg)　该阶段猪的消化能力有所增强，肠胃容积增大，适合每天喂 2～3 次，饲料以精饲料为主，青干饲料为辅。

(3)大猪阶段(60～100 kg)　该阶段猪的生理发育基本成熟，沉积脂肪能力大大增强，每天适合喂 2～3 次，且要限量饲喂，每次饲喂的时间间隔应该保持均衡，饲喂时间应该选在猪食欲旺盛的时候。

3. 选用绿色饲料

饲料是生产绿色猪肉的第一要素，根据猪各阶段的生长发育和营养需要特点，合理有效地利用饲料资源配制全价优质的绿色饲粮，实行标准化饲养，减少药物的使用及其他毒素对饲料的污染，为了防止霉菌毒素的危害，可以在饲料中加入适量脱霉剂。饲料添加剂的使用应遵照饲料标签所规定的用法和用量执行，生猪饲料中不应直接添加违禁药物，不添加化学催肥剂和促生长剂等。

二、采取科学育肥方法

我国常用的育肥方法有一贯育肥法、阶段育肥法和淘汰成年种猪育肥法等。现简介前 2 种育肥方法。

(1)一贯育肥法　又叫一条龙育肥法，从仔猪断乳到育肥结束，全程采用较高的饲养水平，实行均衡饲养的方式，一般在 135 日龄左右时体重可达 90～100 kg，一贯育肥法适用于规模化养猪场，需要有相应的经济承受力。

(2)阶段育肥法　又叫吊架子育肥法或分期育肥法，即把猪分为幼猪、架子猪和催肥猪 3 个阶段，采用一头一尾精细喂，中间时间吊架子的方式育肥，该方法适合农户和饲养条件较差的地方使用。

三、提供充足清洁饮水

平时要保证供给育肥猪充足饮水，育肥猪的饮水量会随着一些条件的变化而改变，如环境温度、体重、采食量及日粮特点等的变化而发生改变。冬季育肥猪采水量为饲喂风干饲料数量的3倍左右，在夏天为饲喂风干饲料数量的5倍，在春秋季节约为饲喂风干饲料数量的4倍。饮水设备最好使用自动饮水器，确保饮水清洁卫生，避免饮水污染引发疾病。

任务二　科学管理育肥猪

【任务目标】

本部分介绍的内容主要是育肥猪饲养过程中的管理，包括如何提供舒适的环境、清洁的饮水、合理免疫、适时驱虫消毒、科学的育肥方法，为育肥猪的快速健康生长提供保障。

【任务提要】

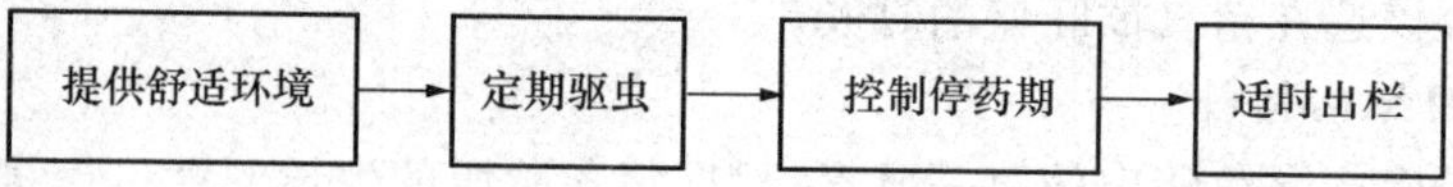

【方法与步骤】

一、提供舒适环境

(1)独立的环境，充足的空间　如果是地面饲养，每圈以10～20头为宜，要有一定的活动场地，让育肥猪有适当的运动，使之在舒适的环境中生长。

(2)科学合理的温度、湿度　育成期猪比较适宜的温度在11～45 kg时为22～24℃，45～100 kg时为20～22℃。适宜猪生活的相对湿度控制在60%～75%。冬天为了保暖，猪舍的通风换气往往不够，空气中的有害气体含量可能会升高，这时应当通过换气、及时清理粪尿等措施来减少有害气体的释放；夏天，则应该加强通风，以达到降温换气的目的。

二、定期驱虫

猪体内最为常见的寄生虫是以蛔虫为主，蛔虫主要对3～4月龄的猪造成危害，病猪一般没有特别明显的临床表现症状，通常的表现有消瘦、生长发育慢、被毛缺乏光泽，严重时出现增重速度下降40%以上的情况，有的甚至造成僵猪。驱虫通常要在90日龄开始，常用的驱虫药物有左旋咪唑、虫克星、驱虫灵、四咪唑等，可以口服，也可以注射，但是要掌握好剂量，防止中毒。

三、控制停药期

停药期是指食品动物从停止给药到许可屠宰或其产品供人类使用前的一段时间，为确保生猪的卫生和使用安全，生猪在60 kg时更换育肥大猪料，即进入停药期，在进入停药期的舍内必须悬挂醒目的停药期警示牌，以提醒饲养人员本舍内的猪禁止用药，如发现病猪应转到病猪隔离区进行治疗，同时做好记录，待过了停药期方可出栏。

四、适时出栏

一般出栏体重在90 kg左右，如果是“洋三元”杂种猪，可以适当推迟出栏时间，以便获得更大的日增重，如果市场价格不会回落，可以养到120 kg或更多。

【项目小结】

猪育肥环节看似简单，实则复杂，此阶段是生猪出栏的最后一个时期，如何让生猪顺利度过此时期，降低料肉比，是我们此小结所解决的问题。本项目的重点叙述还包括了如何生产绿色安全的猪肉，这是当今社会的发展趋势，人们追求高品质生活的愿望日益强烈，这片市场的前景将更加明朗。选择合适的出栏时间，使生猪育肥的经济收益最大化。

【知识拓展】

随着对生活品质要求逐步提高，人们对绿色猪肉的认可程度会渐渐加大，但是如何能确保猪肉是绿色无公害产品，这一问题还有待解决，是提高检疫水平，还是加强监督记录，这都是实现真正绿色猪肉的主要手段。

【复习思考题】

一、填空题

1. 猪的育肥方法有3种，即__________、__________和__________。

2. 育肥猪适时出栏时间是____________________。

3. 育成期猪比较适宜的温度在11～45 kg时为__________℃，45～100 kg时为__________℃。

二、简答题

1. 如何控制育肥猪的温度、湿度？

2. 简述什么是粗饲料，粗饲料的作用是什么？

项目八　猪场疫病防控

【项目介绍】

本部分内容是介绍猪疫病防控工作。该阶段任务分为 2 部分，即消毒和免疫。通过综合防控手段可以有效提高猪的健康水平和抗病能力，降低发病率和死亡率。

猪的疫病防控应贯彻“预防为主，防重于治”的方针。消毒、免疫接种、药物预防等综合性防疫措施是减少甚至杜绝疾病发生的重要手段，疫病综合防控措施是从消毒和免疫 2 个方面进行的。

【项目载体】

教材、参考书、PPT、视频、模拟仿真软件、实训场。

【项目分解】

工作任务	完成任务的技能
猪场消毒	会对猪场进行消毒
猪场免疫	能进行猪病预防注射

任务一　猪 场 消 毒

【任务目标】

本任务目标就是通过对猪场进行消毒杀死病原微生物，为猪提供良好的生存环境；控制和杜绝猪传染病的发生，保护猪群健康。

【任务提要】

入场人员消毒 → 场区环境消毒 → 猪舍消毒 → 用具及垫料消毒

【方法与步骤】

一、入场人员消毒

养殖场应在场区大门处设立消毒室，对入场人员的外衣、鞋、手进行消毒。衣物消毒可用消毒剂汽化喷雾，人员全身黏附一层薄薄的消毒剂气溶胶，能有效地杀灭外来人员携带的各种病原微生物。鞋的消毒应在专用消毒通道，消毒通道修成浅池，池中垫入有弹性的塑料地毯，并加入消毒威 1：500 稀释液或菌毒灭 1：300 稀释液，每天适量添加，每周更换 1 次。人员进入时，踩消毒药剂浸泡的地毯，杀灭鞋底携带的病原微生物。手的消毒用碘酸混合溶液 1：200 稀释液或 0.1％浓度的新洁尔灭溶液擦拭或浸泡 2～3 min，再用水清洗。

二、场区环境消毒

(1)机械清除异物　使用机械的方法除去环境中的杂物，对圈舍的清扫、冲洗、刷洗，对饲槽和饮水器洗涤，对畜体被毛的刷拭，对猪舍进行通风和空气过滤，清除环境及畜体上的病原微生物。

(2)阳光消毒法　利用阳光热、干燥、紫外线的作用杀灭或消除病原微生物及其他有害微生物，使病原微生物蛋白质发生光解、变性，导致病原体死亡。

(3)化学消毒法　每隔 2～3 周在圈舍周围撒生石灰或用 2％浓度氢氧化钠溶液喷洒消毒，可有效杀灭一般细菌，但不能杀死细菌芽孢、病毒和一些难杀死的微生物。

(4)生物学消毒法　利用生物发酵产热可杀灭生产中产生的粪便、污水、饲料残渣和其他废弃物中的病原微生物，而达到消毒的目的。

三、猪舍消毒

1. 猪舍的预防消毒

(1)消毒程序　清扫、冲洗、高压冲刷、晾干、喷洒消毒药(可用 2％～4％浓度的氢氧化钠溶液也可以进行熏蒸消毒)，冲洗、晾干备用。

(2)带猪消毒　常用的药物有 0.2％～0.3％浓度的过氧乙酸，每立方米空间用药 20～40 mL，也可用 0.2％浓度的次氯酸钠溶液或 0.1％浓度的新洁尔灭溶液。0.5%以下浓度的过氧乙酸对人畜无害。

2. 猪舍的临时消毒和终末消毒

一般肠道菌、病毒性疾病，可选用5%浓度的漂白粉或2%～4%浓度的氢氧化钠热溶液。但如发生细菌芽孢引起的传染病（如炭疽、气肿疽等）时，则需使用10%～20%浓度的漂白粉乳液、2%～4%浓度的氢氧化钠热溶液或其他强力消毒剂。

四、用具及垫料消毒

定期对保温箱、补料槽、饲料车、料箱、针管等进行消毒。一般先将用具冲洗干净后，可用0.1%浓度的新洁尔灭或0.2%～0.5%浓度的过氧乙酸消毒，然后在密闭的室内进行熏蒸。

对于养殖场的垫料，可以通过阳光照射的方法进行。这是一种最经济、最简单的方法，对特殊污染严重的垫料应焚烧。

任务二　猪场免疫

【任务目标】

通过预防接种和紧急接种，有组织、有计划地进行免疫接种，用抗原刺激机体使机体产生抗体，提高机体抵御能力。达到预防和控制猪传染病的目的。

【任务提要】

选择合适的免疫接种方法 → 掌握注射接种操作步骤

【方法与步骤】

一、选择合适的免疫接种方法

(1)皮下注射　注射部位多在耳根皮下，也可在颈部两侧或股内侧皮肤较松弛的部位。皮下组织吸收比较缓慢而均匀，油类疫苗不宜皮下注射。

(2)肌内注射　肌内注射是将疫苗注射于肌肉内，注射时注意针头要足够长，以保证疫苗确实注入肌肉里。注射部位多在臀部、股部或颈部肌肉较丰满的部位。

(3)滴鼻接种　目前使用比较广泛的是猪伪狂犬病基因缺失疫苗的滴鼻接种。

(4)喷雾　即用动力压缩机增大盛装菌苗容器的压力然后开动微孔喷头，药液呈雾状喷出，猪通过呼吸吸入菌苗而达到免疫，此法主要用于大群猪免疫。

二、掌握注射接种操作步骤

1. 抓猪与保定

助手抓猪，并牢牢保定，防止挣脱，将注射部位朝向注射人员，要避免人猪受伤。

2. 注射部位消毒

先用碘酊，再用酒精脱碘，待挥发后再注射，注射完毕应按压注射部位少许时间减少疫苗溢出。大批注射时，应有专职消毒员，用0.5%的碘酊先涂擦临时固定的注射部位皮肤，然后用70%的酒精脱碘，待3～5 min后注射疫苗，注射时剂量一定要确实。

3. 注射

针头粗细长短要适宜，大小猪应选择各自适宜的针头，以防疫苗有效剂量的减少及疫苗的漏出。进针过深易刺到骨骼，造成机体损伤，过浅易注射到脂肪内形成脓肿，起不到免疫作用。进针深度的适宜程度，应根据猪只大小、肥瘦程度灵活掌握。

①肌内注射：母猪、后备母猪和公猪的肌内注射最好采用16号针头，10 kg以下的猪宜用12号针头。肌内注射部位在耳后靠近轻松皮肤皱褶和较紧皮肤交界处，耳根基部最高点5～7 cm处。正确的方法是垂直刺入皮肤。

②皮下注射：用短的12号针头，长度通常为1～3 cm。注射部位位于耳后凹陷处较松弛的皮肤。方法是用拇指和食指将皮肤捏成皱褶、将针头刺入两指间的皮肤皱褶皮下。

注射的剂量要准确，不漏注、不白注。注射操作细致，进针要稳，拔针要速，以确保疫苗液真正足量地注射于肌肉内或皮下。

三、任务小结

免疫接种是针对传染病综合性预防的重要措施之一，是传染病免疫预防的具体实施，是控制乃至消灭疫(菌)苗可预防传染病的有效手段。掌握免疫接种技术，制订合理的免疫程序，是从事养殖业专业人才所应具备的基本技能。

【复习思考题】

1. 根据目的不同，可以将消毒分为哪几种？
2. 粪便最有效最经济的消毒方法是什么方法？
3. 阐述免疫接种的方法有哪些？
4. 简述注射接种操作步骤。

项目九　养猪技术岗位应具备的专业核心能力

按照典型工作任务对应专业核心能力、具体工作任务对应单项专业能力、工作项目对应项目技能的要求，将工作任务对应的职业能力分解如下。

任务一　饲养员岗位专业核心能力

一、母猪的饲养与管理

(一)母猪配种

1. 掌握母猪配种时机

(1)掌握后备母猪初配年龄与体重　要求在8月龄以上、体重超过100 kg、体况良好、发情2次以上才能配种。

(2)掌握配种时机　在有公猪试情时发情母猪出现“静立反射”后8～12 h进行第1次输精，间隔12 h后进行第2次输精；没有公猪试情时则出现“静立反射”后即可进行第1次输精，间隔12 h后进行第2次输精。

2. 掌握人工授精方法

能确定后备母猪的初配体重及发情母猪最佳配种时机，做好母猪的适时配种工作，力求达到全配满怀。

(二)妊娠母猪的饲养与管理

1. 能独立完成饲料的加工调制

(1)选料　选用已经烘干或晾晒的风干饲料原料，去除霉粒，清除物料中的金属、沙石等杂物。

(2)粉碎与搅拌　选择筛片粒径为2.0 mm。打开电源后，仔细辨听，确认没有异常声响时，再将需粉碎的物料投入进料口进行粉碎。配制饲料时，如人工搅拌，用铁锹来回搅拌至少5次；如机器搅拌，在搅拌器内搅拌5～10 min即可。配制好的饲料要在1周内用完，以免营养损失。

2. 掌握饲喂方法

(1)查妊娠母猪的营养需要　妊娠前期(配种至94 d)，采用妊娠母猪全价配合饲料，其中含消化能11.6～13 MJ/kg，粗蛋白质11.2%～13.5%，钙0.5%～1.30%，磷0.6%，食盐0.3%～0.8%；妊娠后期(94 d至分娩)采用哺乳母猪全价配合饲料，其中含消化能12.0～13.1 MJ/kg，粗蛋白质13%～16.5%，钙0.6%～1.30%，磷0.6%，食盐0.4%～1.0%。

(2)掌握饲喂方法　妊娠初期采用限制饲养，早晚2次喂饲。怀孕第1个月的经产母猪采食量不能超过1.8 kg/d，后备母猪2.0～2.3 kg/d；怀孕30～90 d采食量不能超过1.9～2.3 kg/d；经产母猪、后备母猪2.2～2.5 kg/d；怀孕90 d至产前3 d，增加喂量，使用哺乳母猪料，采食量3 kg/d；产前3 d至分娩逐渐减少饲喂量，至分娩当日减至1.5～2 kg。

(3)合理供应饮水　采用圆头式自动饮水器，供给猪只充足清洁的饮水，要求饮水器的高度与猪的肩同高，按下圆头时水流应水平喷出40 cm为佳，最好再配备一个水槽，水槽内保证清洁饮水。

3. 准确进行妊娠诊断

(1)据发情周期判定　观察母猪在配种之后下个情期不再出现发情现象，基本可以判定是妊娠了。

(2)超声诊断　配种后25 d使用B超查看母猪是否妊娠，准确率更高。

4. 合理控制环境

(1)控制温度与湿度　温度控制在15～18℃；相对湿度一般控制在60%～75%为宜。

(2)猪的光照时间　控制在12～17 h/d，光照强度控制在60～100 lx。

(3)控制噪声　猪舍内声音控制在80 dB以内。远离噪声源，建立绿化隔离带，猪场内保持安静。

(4)熟练进行猪舍的清洗工作　早晚各清扫1遍，及时清除蓄粪，必要时用高压水枪冲洗干净。休息的地方要保持干燥。

5. 保胎与护理

观察猪群，及时发现异常问题，迅速解决。如发现流产则迅速处理，之后将其赶回空怀舍。严禁咬架，严禁挤压，严禁虐待母猪。产前1周将妊娠母猪赶到产房。

(三)母猪的分娩与接产

1. 产仔准备

(1)推算预产期　按“月＋4、日－6”的推算方法推算母猪预产期。

(2)观察母猪产前征兆　母猪临产时乳房膨大,乳头增粗,产前 1 d 能挤出浓稠的乳汁。产前 3 d 叼草做窝。临产前 1 d 或当日食欲下降。自阴门排出黏液,如果是排出大量污红的黏液,马上将要分娩。

(3)做好接产准备

①产室准备:进行清扫消毒,保持圈舍洁净干燥,保证没有锐利物品存在,保温箱要试温 2 d,确保温度平稳维持在 33～35℃。

②母猪准备:产前 1 周转入产室,并做好猪体清洁工作。

③物品准备:准备好消毒剂、干净毛巾、干净盆或桶、结扎线、必备药品和针具等。

2. 接产与助产

(1)正常分娩时会接产

①抠黏液:在仔猪产出后,马上抠出(撸出)仔猪口鼻内黏液。

②擦身体:用干净毛巾擦干仔猪身体的黏液。

③断脐带:在距离脐部 3 cm 处掐断脐带,经用碘酊消毒后,将仔猪放入保温箱内等待集中哺乳。

④断犬齿:一只手保定仔猪头部,使其口腔打开;另一只手持消毒过的齿钳与齿龈平行伸入仔猪口腔内,距离齿龈 2 mm 左右剪掉犬齿长度的 1/2,保证断面平整,在断面涂抹青霉素粉。

(2)难产时能够助产

①拉:当仔猪一部分已经产出母猪体外而母猪不再努责、仔猪被卡住时,要小心拉出仔猪。

②推:当仔猪在产道内不能顺利产出,经检查存在胎位不正时,可适当推回并进行胎位校正,然后再将其拉出。

③掏:如果是母猪努责无力,仔猪不能顺利产出时,可以戴上长臂手套伸入母猪子宫内将仔猪掏出来。

④压:在母猪努责无力时,可以人为按压其腹部,以增加其腹压,协助母猪产出仔猪。

⑤催产:在胎位正常的情况下,也可以给母猪注射催产素让母猪自己产出胎儿。

⑥剖腹产:如果上述措施都无效,则应该进行剖腹产手术。

(四)哺乳母猪的饲养管理

1. 饲料加工调制(同妊娠母猪)

(1)选料　选用已经烘干或晾晒的风干饲料原料,去除霉粒,清除物料中的金属、沙石等杂物。

(2)粉碎与搅拌　选择筛片粒径为2.0 mm。打开电源后,仔细辨听,确认没有异常声响时,再将需粉碎的物料投入进料口进行粉碎。配制饲料时,如人工搅拌,用铁锹来回搅拌至少5次;如机器搅拌,在搅拌器内搅拌5～10 min即可。配制好的饲料要在1周内用完,以免营养损失。

2. 科学饲养哺乳母猪

(1)查哺乳母猪的营养需要　消化能12.5～13.5 MJ/kg,粗蛋白质14.5%～17%,钙0.60%～1.3%,磷0.6%,食盐0.4%～1.0%。实践中可以采用哺乳母猪全价配合饲料。

(2)科学饲喂哺乳母猪　产后1～3 d逐渐加料至自由采食,日喂3次,按基础料2 kg+泌乳料0.25 kg×仔猪数来供给。泌乳量高的母猪于断乳前3 d适当减料至3 kg,但体况差的不应减料。

(3)合理供给饮水　采用圆头式自动饮水器,要求饮水器的高度与猪的肩同高,水流应水平喷出40 cm为佳。

3. 控制环境

哺乳母猪环境温度控制在18℃左右。其余项目同妊娠母猪。

4. 哺乳母猪的管理

(1)观察泌乳　观察母猪奶水是否充足,对于无奶或少奶的母猪要进行及时的治疗,无价值的应淘汰。

(2)观察母性表现　观察母猪是否有食仔、压仔情况,对于母性不好的母猪要及时调教,必要时淘汰。

(3)安抚母猪　对性情不够温顺的母猪或拒绝给仔猪哺乳的母猪,要耐心安抚,必要时淘汰。

(4)母猪产后消炎　选择药物:选用优质的母猪产后专用消炎药物,按说明书使用。

二、哺乳仔猪饲养管理

(一)初生期的饲养管理

1. 保温、防压

生后即将仔猪放进保温箱内,箱内温度控制在33～35℃。

2. 早吃、吃足初乳

(1)保证饲喂时间　保证生后 2 h 内吃足初乳。从保温箱内依次拿出仔猪，一般弱小的先吃，防止抢不到奶。

(2)固定乳头　按弱小的仔猪固定在前面乳头、体大强健的固定在后面乳头的顺序固定乳头，防止乱抢。

3. 补铁

仔猪出生后 3～4 d，颈部肌内注射右旋糖酐铁钴合剂 2 mL。

4. 去势

仔猪出生后 1 周即可去势。倒提仔猪，用大拇指或食指固定睾丸，待睾丸突出表皮时用手术刀尖刺破阴囊，将睾丸挤出阴囊外，这时用手术刀割掉即可，在刀口局部外用青霉素干粉。

(二)仔猪腹泻防治

1. 仔猪腹泻的原因

营养性腹泻、环境性腹泻、微生物性腹泻。

2. 仔猪腹泻的预防

①从母猪着手预防，保证母乳充足、质优。

②从仔猪着手预防，预防性给药，防止消化不良。

③从环境着手预防，主要是温度、湿度、卫生等。

3. 仔猪腹泻的治疗

①口服用药，是治疗腹泻的最佳途径。

②肌内注射，是最常见的治疗方法。

③静脉注射，是防止脱水、治疗心衰和酸中毒的最佳疗法，可以抢救濒危仔猪。

④腹腔注射，可以作为抢救脱水仔猪的辅助疗法。

⑤外用药，采用透皮剂作为轻微病例的治疗方法。

⑥其他疗法。

(三)仔猪补料

仔猪生后第 7～10 天，使用哺乳仔猪专用教槽料。将开食用的圆形塑料槽固定在产床的底网上，将优质的教槽料按料水比 1∶3 搅拌均匀至没有小颗粒为止，而后把粥状料倒进开食槽即可。开始时采食量很少，每天每头仔猪以 10 g 左右为好，分 2 次饲喂，上下午各 1 次。以后视其采食情况逐渐增加喂量和饲喂次数。

(四)仔猪适时断乳

1. 确定断乳时间

仔猪出生后 21～28 d。具体可根据母猪、仔猪以及猪舍的硬件设施情况适当提前或延后。

2. 确定断乳方式

采用一次性断乳,即一次性将母子分开。

3. 掌握断乳方法

母猪赶入空怀舍,仔猪转入保育舍。

三、保育猪饲养管理

(一)饲料的加工调制

饲料的粉碎粒径要求不超过 1.0 mm。其他加工调制过程同妊娠母猪。

(二)保育仔猪的合理饲喂

1. 查营养需要

保育前期(30～50 日龄),要求饲料中含粗蛋白质 18%～19%,消化能 15～17 MJ/kg,钙 0.4%～1.0%,磷 0.5%,食盐 0.3%～1.4%;保育后期(50～70 日龄),粗蛋白质 17%～18%,消化能 13～16 MJ/kg,钙 0.4%～1.0%,磷 0.5%,食盐 0.3%～1.4%。

2. 掌握饲喂方法

采用自由采食,断乳后 1 周内,继续饲喂教槽料,1 周后用 3～4 d 的时间逐渐过渡到保育前期料,饲喂至 50 日龄,50 日龄后用 3～4 d 的时间过渡到保育后期料,饲喂至 70 日龄,此时体重应达到 30 kg。

3. 掌握饮水方式

采用圆头式自动饮水器,供给猪只充足清洁的饮水,要求饮水器的高度与猪的肩同高,圆头按下水流应水平喷出 40 cm 为佳,平均 4～6 头猪使用 1 个饮水器。

(三)保育仔猪的环境控制

1. 控制温度、湿度

保育仔猪的环境温度 25～30℃,空气相对湿度控制在 60%～65%为宜。可通过加强供暖、通风、洒水来调节温度、湿度。

2. 控制光照

保育猪每天 18 h 光照,光照强度 50～100 lx。自然光照不足时,可采用人工照明,光源可采用白炽灯和荧光灯。

3. 控制噪声

环境声音最好不大于 70 dB。猪舍应远离噪声源，建立绿化隔离带，猪场内保持安静，做到物品轻拿轻放，减少人员出入，避免各种机械同时运转。

（四）保育仔猪的饲养管理

（1）合理分群　每群 10～20 头，每头占地面积 0.5～0.8 m^2。

（2）细心调教　“采食、排便、睡卧”三点定位。

（3）保持卫生　每天至少清扫 2 次，保证无蓄便。

（4）认真观察　健康仔猪活泼好动，毛色发亮，叫声清亮，鼻头湿润；带病仔猪无精打采，拉稀，发抖，鼻头干裂。

（5）适时转群　达到 70 日龄时，将猪群转入到生长育肥舍。

四、生长育肥猪的饲养管理

（一）育肥猪的饲料加工调制

饲料原料需要粉碎 1.5～2.0 mm，其余同妊娠母猪。

（二）生长育肥猪的饲养管理

1. 查营养需要

30～60 kg 需要消化能 13 MJ/kg、粗蛋白质 16%、钙 0.4%～1.3%、磷 0.5%、食盐 0.2%～0.9%；60 kg 至出栏阶段需要消化能 13 MJ/kg、粗蛋白质 15%、钙 0.4%～1.2%、磷 0.5%、食盐 0.2%～0.9%。

2. 掌握饲喂方式

采用自由采食。体重达 95～115 kg 出栏。

3. 掌握饮水方式

采用自动饮水器，供给猪只充足清洁的饮水，按下饮水器圆杆触头，水流应水平喷出 40 cm 为佳，平均 3 头猪使用 1 个饮水器。饮水器高度要求与猪的肩同高，如果是上下活动式饮水器更佳。

（三）环境控制

（1）控制温度　根据公式判定不同体重需要的合适温度 $T=26-0.06m$（式中 m 为猪的体重，T 为应该提供的合适温度）。

（2）控制湿度　舍内相对湿度在 65%左右。

（3）控制光照　育肥猪以偏暗环境为佳。

（4）控制气流　夏季炎热以对流为佳，寒冷时，舍内气流速度不应超过 0.25 m/s。

(5)控制噪声　环境声音控制在 80 dB 以内。

(四)育肥猪猪群管理

(1)密度控制　育肥猪每头占地面积 1 m^2。

(2)保持卫生　及时清除粪尿,保持地面洁净。

(3)施以动物福利　做到人猪亲和,确保猪只健康生长。

(4)做到适时出栏　一般猪体重在 90～110 kg 出栏较为合适,太大则饲料报酬降低,市场行情出现变化时可适当提前或延后。实际操作中应熟练做好生长肥育猪的饲养管理工作,确保早日出栏。

任务二　猪的繁殖技术员岗位专业核心能力

一、母猪发情鉴定

(一)观察母猪外部表现判定母猪是否发情

1. 观察母猪对声音的反应

发情母猪对声音极为敏感,一有动静马上抬头,竖耳静听。

2. 观察母猪行为表现

母猪发情后常在圈内来回走动,或常站在圈门口。

3. 观察母猪性器官表现

阴唇松弛,闭合不严,中缝弯曲,阴唇颜色变深,黏液量较多,即可判断为发情。

(二)通过用公猪试情判断母猪发情

把公猪赶到母猪圈内,如母猪拒绝公猪爬跨,证明母猪未发情;如主动接近公猪,接受公猪爬跨,证明母猪正在发情。

能熟练通过公猪各种表现判断母猪是否发情。

(三)人工试情判断母猪发情

①观察母猪与人的亲密程度,发情母猪不躲避人。

②观察母猪是否出现静立反射,用手按压母猪臀部,发情母猪表现静立不动。

二、采精

(一)采精操作

1. 做好采精前的准备

(1)采精员自身准备　戴上橡胶手套,蹲在假台猪左侧。

(2)给公猪消毒　待公猪爬跨台猪后用0.1%高锰酸钾溶液将公猪包皮附近洗净、消毒,并用生理盐水冲洗。

2. 熟练进行采精操作

①将手握成空拳,于公猪阴茎伸出同时,导入空拳内,让其抽送转动片刻。

②用一只手手指由轻到重带弹性节奏握紧螺旋阴茎龟头不让其转动,随阴茎充分勃起时顺势牵伸向前(不要强牵),用手指带弹性和节奏来调节压力,公猪即行射精。

③另一只手持带有过滤纱布和保温的采精瓶收集精液。

④公猪射精停止,可按上法再次施加压力,即可再次射精,直至完全射完为止。

(二)精液品质检查

1. 精液数量读取

(1)过滤　公猪精液用3～4层纱布过滤,除去黏胶质物质。

(2)量取　放入有刻度的集精杯读取刻度。准确读取集精杯上的读数,一般为300 mL左右。

2. 精液密度测定

(1)精确测定　以HR-1100动物精子密度仪测定密度。

(2)估测密度　取原精1滴,按平板压片法镜检,可分为密、中、稀3级。

3. 精子活力检查

①将1滴原精液滴在1张加热的显微镜载玻片上。

②取盖玻片盖于整个精液的液面,不应有气泡,制成压片标本观察。

③活力计算:精子活力=直线运动精子数/精子总数×100%。

④鲜精活率应在70%以上,当活率低于40%时精液不可再用于输精。

三、输精

(一)输精前的准备工作

1. 准备输精器具

①输精管、开膣器、内窥镜、手电筒等。

②器械要进行清洗、消毒。

③消毒后的输精管在临用前用稀释液冲洗2～3次。

2. 母猪消毒

用温水清洗母猪外阴、尾根及臀部周围,再用温水浸湿毛巾,擦干外阴部。

3. 输精人员的准备

穿好工作服、洗净消毒手臂、戴上乳胶手套或一次性手套。

4. 精液准备

检测精液，活率不低于70%方可输精。一般每次输精60 mL左右。

(二)输精操作

1. 插入输精器

在输精管前涂上润滑剂，再把输精管慢慢旋转，插入母猪阴道，直到感觉有阻力不能前进时为止，即达到子宫颈部(深度一般为20～40 cm)。

2. 输精

在输精管后端接上储精瓶，将精液徐徐注入子宫颈内。输精时，如发现精液外流，可放慢输精速度或转动输精管后再注入，同时用手按压母猪腰部，防止母猪因弓腰而使精液倒流。输精完成后，不要立即将输精管拔出，要放置3～5 min，防止精液倒流。

任务三　兽医防治员岗位专业核心能力

一、免疫接种

(一)免疫前的准备

1. 检查准备接种的猪只健康状况

对于某些精神萎靡、食欲欠佳、体温不正常、瘦弱及妊娠后期的猪暂时先不接种，并对其进行登记，以便以后补种。

2. 准备器械、药品等

根据不同接种方法，准备所需要的接种器械：注射器、针头、镊子、碘酊棉球、酒精棉球、抗过敏药及免疫记录本。

3. 检查疫苗

(1)检查外观质量　疫苗瓶破损性，封口的严密性，标签完整性。

(2)检查说明书　有效期、使用方法、使用头份、生产厂家、批准文号、检验号。

4. 稀释疫苗

①待稀释时先除去稀释液和疫苗瓶封口的火漆或石蜡，用酒精棉球消毒瓶塞。

②用注射器抽取稀释液，注入到疫苗瓶中，适当地做振荡操作，使其完全溶解。

③最后补充稀释液至规定量，再做适当振荡以至混匀。

(二)接种操作

1. 确定接种途径

猪常用的接种途径为肌内注射、皮下注射、经口免疫等。

2. 确定接种部位

猪肌内注射在颈侧部，乳猪也可注射后腿肌肉，用 9 号针头，其他猪一般用 12 号针头。

猪皮下注射在耳根或股内侧，一般用 9～12 号针头。

3. 接种操作

①接种前要对接种部位进行消毒。

②用注射器(凡要求肌内接种的疫苗，需用 10 mL 或 20 mL 金属注射器)吸入苗液，排出气泡，并调节用量。

③右手持注射器垂直刺入肌肉后，改用左手夹住注射器和针头尾部，右手回抽一下针芯，如无回血，即可慢慢注入药液。

④注射完毕拔出针头、在注射部位进行消毒。

二、卫生消毒

(一)入场消毒

1. 人员消毒

进场人员穿上鞋套，走过人行喷雾消毒通道时全身喷淋后，方可进入场区。

进入生产区的人员要到更衣室内脱去衣物，淋浴后，换穿场内专用工作衣、鞋方可进入。

2. 车辆消毒

①外单位送料车进入时要经过消毒池并喷雾消毒方可进入生产区。

②本场车辆自场外返回需进入场内时，应经过车辆消毒池。

3. 生产器具消毒

生产用器具如垫草、扫把、铁锹等物质喷雾消毒，之后可用于生产。

(二)场内预防消毒

1. 场区环境消毒

舍外主干道应每日清扫，每周使用规定的消毒剂消毒 3 次。场外有疫情威胁时，可提高消毒剂的浓度，每天消毒 1 次。

2. 日常消毒

对实行常年分散分娩的猪场，母猪进栏时应对其躯体喷雾消毒。临产前将猪栏清扫干净，开始分娩时以消毒液 0.1%高锰酸钾或 0.1%新洁尔灭擦洗其后躯、阴部、乳房，铺上干净垫草，候其分娩。

3. 定期消毒

每日上、下午对猪舍地面、道路各清扫 1 次，每周用消毒剂喷洒地面、墙壁、过道消毒 1 次。

（三）传染病扑灭消毒

1. 病死猪消毒

对病死且死因不明猪只剖检应在剖检室内或场外规定场所进行，运送猪尸体时应防止其对环境的污染。剖检场地应用消毒剂泼洒清洗消毒。

2. 终末消毒

先消毒未发病区，后消毒发病区；先消毒猪舍外，后消毒猪舍内。猪舍外环境消毒应在进行了大扫除、清理场地后进行，垫草、粪便、垃圾等进行焚烧，水泥表面用路面消毒机喷洒消毒剂，必要时对病猪曾接触的泥土地面也需用消毒剂消毒。

三、猪的保定

（一）绳套保定

1. 适用范围

适用于一般的临床检查、灌药、注射等。

2. 操作方法

①在绳的一端打一活结套，或使用专用保定绳套。

②使绳套自猪的鼻端滑下，待猪张口或咬绳时，套入上颌犬齿后面并勒紧。

③由一人拉紧保定绳或拴于木桩上，猪呈用力后退姿势。

（二）顺提保定

1. 适用范围

适用于仔猪在耳根部和颈部做肌内注射。

2. 操作方法

①用两手分别抓住猪的两耳，迅速提举猪头部。

②使猪腹部向前，猪的前肢悬空。

(三)倒提保定

1. 适用范围

适用于直肠脱及阴道脱的整复,腹腔注射以及阴囊和腹股沟疝手术等。

2. 操作方法

①用两手握住后肢胫部,将其后躯提起。

②使猪头部朝下,腹部向前。

③用两腿夹住猪背部。

(四)侧卧保定

1. 适用范围

适用于猪的去势,腹腔手术,耳静脉、腹腔注射。

2. 操作方法

①操作者左手抓住猪的右耳,右手抓住右侧膝部前皱褶。

②向术者怀内提举放倒,用膝部压住猪背腰部。

③固定头部,使前后肢交叉。

④用绳在掌跖部拴紧固定四肢。

(五)网架保定

1. 适用范围

适用于中小型猪的一般临床检查、灌药、注射等。

2. 操作方法

①找 2 根结实、粗细均匀的木棍、竹竿或钢管。

②用绳在上面编织成绳网,将其平放在地面上。

③将猪赶上网架,迅速将网架抬起。

四、简单猪病处置

(一)投药处置

1. 口服法

(1)混饲给药 将药物按计量均匀混入饲料中。能熟练将药物与饲料混合均匀,并控制好计量。

(2)混水给药 将药物按计量溶于饮水中。

2. 口腔投药

①捉住病猪两耳,使它站立保定。

②用木棒或开口器撬开猪嘴。

③将药片、药丸或药剂放置于猪舌根背面,再倒入少量清水,将猪嘴闭合,猪即可将药物咽下。

3. 胃管投药法

①将猪站立或横卧保定,使其头部固定。

②用开口器将猪嘴撬开。

③将胃管从舌面迅速通过舌根部插入食管中。

④确定胃管插入位置无误时,即可注入事先溶解好的药物。

⑤灌完药后再向胃管内打入少量气体,使胃管内药物排空,最后迅速拔出胃管。

4. 灌肠给药法

①猪倒提保定。

②将灌肠器由肛门缓慢插入直肠。

③高举灌肠桶,使桶内的药液或营养液流入直肠。

④灌注以后,必须使病猪保持安静。

⑤当病猪有要排粪的表现时,立即用手掌在其尾根上部连续拍打几下,使其肛门括约肌收缩,防止药液或营养液外流。

(二)注射处置

1. 肌内注射

(1)部位　选择肌肉丰满的臀部或颈部。

(2)操作要点　注射部位消毒,如注射部位毛较多,应先剪毛再消毒。一手持注射器,将针头垂直刺入注射部位,一般深度为 3 cm 左右。回抽活塞无血液回流,即可推入药液。注射完毕后,局部再次消毒。

2. 皮下注射

(1)注射部位　耳根后或股内侧。

(2)操作要点　将猪站立或横卧保定,注射部位消毒。用左手拇指、食指、中指提起皮肤,使其呈三角褶皱,右手持注射器垂直于褶皱中央,与皮肤呈 45°角迅速刺入。回抽活塞未见血液回流,注入药液。注射完毕后,局部再次消毒。

3. 静脉注射

(1)注射部位　选择耳静脉。

(2)操作要点　猪站立保定。用酒精棉球涂擦耳背静脉,使静脉怒张,助手用手指强压耳基部静脉使血管鼓起。将针头沿静脉纵轴平行刺入静脉内,抽动活塞,可见回血,此时助手可松开耳根部压力,固定针头,使药液缓缓滴入。注射完毕后,用酒精棉球按压注射处,然后拔出针头,局部消毒。

4. 腹腔注射

(1)注射部位 小猪选择耻骨前缘下 3～5 cm,腹中线一侧;大猪选择腹胁部。

(2)操作要点 小猪采用倒提保定,大猪采用侧卧保定。注射部位消毒。针头垂直刺入皮肤,刺透腹膜即可注射。注射完毕后,局部再次消毒。

(三)简单的外科处置

1. 创围清洁

①先用剪毛剪除去被毛。

②被毛有血或分泌物黏着时,用 3%双氧水除去,再用 70%～75%酒精棉反复擦拭。

③最后用 5%碘酊涂擦创围皮肤。

2. 创面清洗

①用生理盐水冲洗创面。

②灭菌纱布轻轻擦拭创面。

项目十　养猪技术岗位专业能力考核标准

任务一　饲养员岗位考核标准

一、母猪的饲养与管理考核标准

(一)母猪配种考核标准

考核内容与要求：

①后备母猪初配年龄及体重掌握准确。

②发情母猪的最佳配种时机确定正确。

③人工授精操作规范,手法熟练,技术要领掌握准确。

(二)妊娠母猪的饲养管理考核标准

考核内容与要求：

①加工调制的饲料符合妊娠母猪不同阶段的营养需要。

②妊娠母猪饲喂科学、供水合理。

③妊娠母猪舍的温度、湿度、光照、噪声等气象指标控制在理想范围之内,调控方法正确。

④猪舍清洗熟练、符合要求。

⑤妊娠母猪保胎及护理细心周到,方法正确。

(三)母猪的分娩与接产考核标准

考核内容与要求：

①母猪预产期推算方法正确,分娩时机把握准确。

②产前准备工作熟练、全面,符合接产的要求。

③接产、助产操作规范,动作较熟练,技术要领掌握准确。

(四)哺乳母猪的饲养管理考核标准

考核内容与要求:

①喂食、饮水操作规范、熟练。

②对无奶或少奶母猪治疗及时、方法正确。

③对母性不好的母猪调教及时、方法正确。

④消炎药物使用科学,母猪产后消炎技法娴熟。

二、哺乳仔猪的饲养与管理考核标准

(一)初生仔猪的饲养管理考核标准

考核内容与要求:

①固定乳头工作方法正确,操作熟练。

②仔猪补铁及时、方法正确。

③仔猪去势操作较熟练,技术要领掌握准确。

④仔猪保温及防压方法正确、效果好。

(二)仔猪腹泻防治考核标准

考核内容与要求:

①仔猪腹泻预防工作及时、正确。

②仔猪腹泻诊断正确。

③口服、肌内注射及静脉注射给药操作较熟练。治疗及时、效果好。

(三)仔猪补料考核标准

考核内容与要求:

①补料时间掌握准确。

②补料方法正确。

(四)仔猪适时断乳考核标准

考核内容与要求:

①仔猪断乳时间确定合理,符合猪场的实际情况。

②仔猪断乳方法得当,断乳顺利,仔猪的应激反应少。

三、保育猪饲养管理考核标准

(一)保育猪的饲养考核标准

考核内容与要求:

①饲料选择与不同时期保育猪的营养需要相符。

②喂料、供水方法正确。

(二)保育猪的环境控制考核标准

考核内容与要求:

①保育舍温度、湿度、光照、噪声的具体指标掌握准确。

②保育舍环境控制方法正确,温度、湿度、光照、噪声控制在理想范围之内。

(三)保育猪猪群管理考核标准

考核内容与要求:

①保育猪分群要求及转群的时间掌握准确。

②保育猪调教方法得当,实现了“采食、排便、睡卧”三点定位。

③保育猪健康情况判断准确,异常情况发现及时、处理方法得当。

四、生长育肥猪的饲养管理考核标准

(一)生长育肥猪的饲养考核标准

考核内容与要求:

①饲料选择符合育肥猪的营养需要。

②供料、供水合理。

(二)生长育肥猪的环境控制考核标准

考核内容与要求:

生长育肥猪环境控制方法正确,猪舍温度、湿度、光照、噪声等指标控制在理想范围之内。

(三)生长肥育猪猪群管理考核标准

考核内容与要求:

①育肥舍猪群密度控制合理。

②猪舍清扫及时、彻底,猪舍地面洁净。

③猪的出栏时间确定合理,有利于降低养猪成本。

任务二　繁殖员岗位考核标准

一、母猪发情鉴定考核标准

(一)观察母猪外部表现判定母猪是否发情考核标准

考核内容与要求：

母猪外部表现观察仔细，对母猪发情与否判断准确。

(二)用公猪试情判断母猪是否发情考核标准

考核内容与要求：

公猪试情方法正确、操作熟练，对母猪是否发情判断准确。

(三)根据人工试情判断母猪是否发情考核标准

考核内容与要求：

①人工试情技术要领掌握准确。

②人工试情方法正确，结果判断正确。

二、猪的采精考核标准

(一)采精考核标准

考核内容与要求：

①采精前的自身准备充分。

②公猪采精前的消毒操作正确、熟练。

③采精操作动作熟练，技术要领掌握准确。

(二)精液品质检查考核标准

考核内容与要求：

①精子密度仪使用方法正确，精液密度测定准确。

②精子活力检查操作规范，精子活力计算方法正确。

三、输精考核标准

(一)输精前的准备考核标准

考核内容与要求：

①输精器具准备齐全，器具清洗、消毒彻底。

②母猪外阴清洗、消毒方法正确。
③输精人员准备充分。
④精液稀释方法正确、动作熟练，稀释倍数计算准确。

(二)输精操作考核标准

考核内容与要求：
①输精操作动作熟练，技术要领掌握准确。
②输精效果好，精液不倒流。

任务三 兽医防治员岗位专业考核标准

一、免疫接种考核标准

(一)做好接种准备工作考核标准

考核内容与要求：
①接种器具及用品准备齐全，符合接种需要。
②疫苗检查方法正确。
③疫苗稀释操作规范、熟练。

(二)接种操作考核标准

考核内容与要求：
①接种途径确定正确，接种部位确定准确。
②接种操作手法娴熟，技术要领掌握准确。

(三)常见猪病的免疫考核标准

考核内容与要求：
①疫苗种类选择正确，注射部位及免疫程序确定合理。
②口蹄疫、猪瘟、猪蓝耳病及伪狂犬病的防疫要点掌握准确。
③免疫接种操作规范、手法娴熟，技术要领掌握准确。
④免疫程序制订科学、合理。

二、卫生消毒考核标准

(一)入场消毒考核标准

考核内容与要求：

①人员、车辆、生产器具入场消毒程序掌握准确。

②入场时个人消毒程序正确。

（二）场内预防性消毒考核标准

考核内容与要求：

①畜牧场区环境消毒程序熟练掌握。

②医疗器械日常消毒方法正确，操作规范、熟练。

③猪舍消毒全面、彻底，无死角。

④消毒药选择正确、消毒药配制浓度符合消毒要求。

（三）终末消毒考核标准

考核内容与要求：

①传染病动物尸体的运送、剖检及处理方法正确。

②病死猪、剖检场地、剖检所用器具及剖检人员消毒方法掌握熟练。

③病死猪尸体处置方式合理。

④终末消毒的原则和方法掌握熟练，终末消毒全面彻底。

三、保定各类猪考核标准

（一）绳套保定考核标准

考核内容与要求：

①绳套保定适用范围掌握准确。

②绳套保定操作规范、熟练。

（二）顺提保定考核标准

①顺提保定的适用范围掌握准确。

②顺提保定操作规范、熟练。

（三）倒提保定考核标准

考核内容与要求：

①倒提保定适用范围掌握准确。

②倒提保定操作规范、熟练、安全。

（四）侧卧保定考核标准

考核内容与要求：

①侧卧保定适用范围掌握准确。

②侧卧保定方法正确、操作熟练，保定效果好。

（五）网架保定考核标准

考核内容与要求：

①网架适用范围掌握准确，保定操作规程。

②网架保定操作较熟练，保定效果好。

四、简单猪病处置考核标准

（一）投药处置考核标准

考核内容与要求：

①用药剂量掌握准确。

②口服法给药，药物与饲料混合均匀。

③口腔投药、胃管投药及灌肠投药操作要领掌握准确。

④投药操作规范、熟练，保证人畜安全。

（二）注射处置考核标准

考核内容与要求：

①皮下注射、肌内注射、腹腔注射及静脉注射部位确定正确。

②皮下注射、肌内注射、腹腔注射及静脉注射操作熟练、规范，技术要领掌握准确。严格遵守无菌原则，认真执行查对制度。

（三）简单的外科处置考核标准

考核内容与要求：

创围及创面清洁方法正确，操作熟练，对动物无二次伤害。

参 考 文 献

[1] 吴鑫．持续高温对育肥猪不同部位脂肪代谢的影响．中国农业科学，2015，48(5)：952-958.

[2] 刘鸣达．辽宁省育肥猪生产环境影响的生命周期评价．农业环境科学学报，2012，31(6)：1250-1255.

[3] 吴正杰．绿色猪肉生产的技术及管理措施．饲料广角，2001(19)：15-17.

[4] 滕文.浅析育肥猪的科学饲养管理技术．华章，2013.

[5] 孙德欣．育肥猪出栏前的科学饲养创造养猪高效益．猪业观察，2014(11)：84-85.

[6] 李炳坦，赵书广，郭传甲.猪生产技术手册．北京：农业出版社，1990.

[7] 张永泰．高效养猪大全．北京：中国农业出版社，1997.

[8] 李同洲．科学养猪．北京：中国农业大学出版社，2001.

[9] 田有庆，杨远新，童晓莉．简明养猪手册．北京：中国农业大学出版社，2003.

[10] 赵书广，金铮，高克勤，等．现代化养猪技术．北京：北京科学技术出版社，1993.

[11] 王照福，曾韶光．猪饲养管理与疾病防治技术．北京：中国农业大学出版社，2003.

[12] 王连纯．养猪与猪病防治．北京：中国农业大学出版社，2000.

[13] 王永军，田秀娥.良种瘦肉型猪快速饲养．北京：中国农业大学出版社，1998.